VELDGIDS

Insecten

ONTDEKKEN EN HERKENNEN

Ulrich Schmid

DELTAS

Insecten

Insecten zijn de diergroep met veruit de meeste soorten. Dat geldt wereldwijd en dus ook voor Europa. Maar liefst 25.000 van de bekende in het wild levende diersoorten in België en Nederland zijn insecten. Tegenover deze overweldigende veelsoortigheid lijkt die van de vogels of de zoogdieren vrij bescheiden. Alleen de planten en paddenstoelen kunnen enigszins gelijke tred houden.

U herkent insecten aan hun harde uitwendige skelet. Daarin lijken ze echter op andere geleedpotigen, zoals spinnen (vanaf bladzijde 140), duizendpoten (bladzijde 148) en kreeftachtigen (bladzijde 148). Het bijzondere van insecten is hun driegeleedheid. Aan de ***kop*** zitten de voelsprieten en de uit talloze afzonderlijke oogjes samengestelde facetogen. Het ***borststuk*** is verantwoordelijk voor de voortbeweging. Het heeft 6 poten en (meestal) 4 vleugels. Het ***achterlijf*** bevat een groot deel van de inwendige organen.

Binnen dit schema zijn heel veel variaties mogelijk – denk alleen maar eens aan de doorzichtige vleugels van de libellen; de kleurige vleugels van de vlinders; de harde dekvleugels van de kevers, die beschermend over de kwetsbare achtervleugels liggen; of de meestal vleugelloze mieren.

Habitat

Insecten komen vrijwel overal voor. In bossen en op weilanden, op bomen en in de grond, aan land en in zoet water: afgezien van de zee spelen ze in alle habitats een belangrijke ecologische rol. Hun biomassa overtreft veruit die van de meer opvallende vogels of zoogdieren.

In biologische kringlopen vinden we ze in alle denkbare posities: heel veel soorten eten bladeren en zijn meer of minder gespecialiseerd op bepaalde voedingsplanten. Veel soorten zijn roofdieren, vaak eten ze andere insecten. Ook parasieten zijn niet zeldzaam. Aan de andere kant zijn insecten zelf ook heel vaak het slachtoffer van vijanden. Veel vogelsoorten en vleermuizen zijn gespecialiseerde insectenjagers.

De kenmerkende geleding van insecten in kop, borst (met harde dekvleugels en vliezige achtervleugels) en achterlijf is bij deze startende kever goed te herkennen.

Voor hun functie bij het bestuiven van bloemen kunnen we insecten niet dankbaar genoeg zijn: een wereld zonder insecten zou een wereld zonder bloemen en vruchten zijn! Insecten helpen immers bij de recycling, de afbraak van organische stoffen en het produceren van humus, waar onze grond zijn vruchtbaarheid aan dankt.

Boven: veel insecten – hier een akkerhommel – zijn belangrijke bestuivers.

Links: insecten zijn een waardevolle voedselbron voor vogels zoals de gekraagde roodstaart.

Onder: gouden loopkever eet een naaktslak – heel veel insectensoorten zijn buitengewoon nuttig.

Ontwikkeling

Insecten leggen eitjes waaruit larven komen. Omdat larven, net zoals de insecten zelf, een slechts weinig of helemaal niet rekbare huid hebben, verloopt hun groei niet gelijkmatig, maar in fasen. Aan iedere groeifase gaat een vervelling vooraf, waarbij de oude, te strak geworden huid wordt afgeworpen en vervangen door een daaronder al aanwezige zachtere huid. Het aantal vervellingen kan heel verschillend zijn.

In principe zijn er twee verschillende manieren van ontwikkelen mogelijk. Bij de ***onvolledige gedaanteverwisseling*** lijken de larven op de ouders en deze hebben vaak ook een vergelijkbare leefwijze. Na de laatste vervelling zijn ze geslachtsrijp en kunnen ze vliegen (bijvoorbeeld sprinkhanen). Bij de ***volledige gedaanteverwisseling*** zien de larven er heel anders uit en deze worden tijdens een extra popfase volledig veranderd (bijvoorbeeld vlinders). Meestal (maar niet altijd) gebruiken de larven heel andere voedingsbronnen dan de volwassen dieren en daarom zijn ze dan ook niet op dezelfde plekken te vinden.

Onvolledige gedaanteverwisseling (groene sprinkhaan): larve en imago.

Volledige gedaanteverwisseling (kleine vos); larve respectievelijk rups (boven), pop (links) en imago (onder).

Het volwassen insect wordt imago genoemd. Het ***imago***, voor veel mensen is dat het 'eigenlijke' insect, leeft vaak veel korter dan de larve, die soms vele jaren nodig heeft om zijn ontwikkeling te voltooien.

De soorten in dit boek

Met dit boek kunt u meer dan 200 insecten en geleedpotigen identificeren. Er werden vooral soorten gekozen die gemakkelijk herkenbaar zijn en veel en overal voorkomen. Hiermee zult u de meeste insecten, die u in huis en tuin en tijdens wandelingen in de natuur regelmatig tegenkomt, zeker kunnen herkennen.
Wetenschappelijk worden insecten ingedeeld in tientallen ordes. Wij volgen hier een eenvoudiger principe. Met de belangrijkste groepen, de libellen, sprinkhanen, vlinders en dergelijke, bent u al snel vertrouwd. Ze bevatten telkens een aantal categorieën. Wat u niet herkent, kunt u opzoeken in de categorie 'andere insecten', een 'verzamelpot' voor allerlei ordes.

Libellen

Lang lijf, 4 vleugels die niet over elkaar kunnen worden gelegd; de larven leven in water; onvolledige gedaanteverwisseling.

Sprinkhanen

Springpoten, soortspecifieke geluidsuitingen; onvolledige gedaanteverwisseling.

Wantsen

Door de voorvleugels met een hard en een vliezig deel ontstaat een kenmerkende tekening op de rug; onvolledige gedaanteverwisseling.

Kevers

Harde dekvleugels als bescherming, vliezige achtervleugels voor de voortbeweging; volledige gedaanteverwisseling.

Wespen, bijen, hommels

Grote voorvleugels, kleine achtervleugels, wijfje met legboor of steekapparaat; volledige gedaanteverwisseling.

Vlinders

Vleugels bedekt met (vaak kleurige) schubben; volledige gedaanteverwisseling.

Muggen, vliegen

Achtervleugels veranderd in knotsvormige haltertjes ('tweevleugeligen'), muggen met lange, vliegen met korte voelsprieten; volledige gedaanteverwisseling.

Andere insecten met vleugels

Verschillende vleugelvormen en -houdingen. Groter dan 4 mm.

Andere insecten zonder vleugels

Echte, schijnbaar (bijvoorbeeld oorwurm) of tijdens een groot deel van hun leven als imago vleugelloze soorten (bijvoorbeeld mieren) of kleiner dan 4 mm. Niet opgenomen zijn larven van gevleugelde insecten.

Spinnen en andere niet-insecten

Geleedpotigen die niet zijn geleed in 3 lichaamsdelen en (bijna altijd) meer dan 6 poten hebben.

Over de beschrijvingen van de dieren

Na een korte beschrijving van de belangrijkste **kenmerken** volgt informatie over het **voorkomen** en bijzonderheden over de verschillende soorten onder het trefwoord **wetenswaardigheden**. Belangrijke details zijn ***schuin en vet gedrukt.***

De **kalender** geeft aan in welke maanden u de imagines kunt tegenkomen. Sommige insecten overwinteren als imago. Op warme winterdagen komen ze af en toe uit hun schuilplaatsen. Bij de meeste soorten komt dat echter zelden voor en daarom is daar in de kalender geen rekening mee gehouden. Bovendien bestaan er vaak duidelijke verschillen tussen noordelijke en zuidelijke en tussen hoge en lage gebieden. Wees dus niet al te verrast als u een insect buiten de aangegeven periode ziet. Door de verandering van het klimaat zal dat steeds vaker voorkomen.

Afkortingen:

L = lichaamslengte, gemeten zonder voelsprieten, staartaanhangsel of uitstekende vleugels

S = spanwijdte

♂ = mannetje, ♀ = vrouwtje

CALOPTERYX SPLENDENS

J	F	M	A	M	J	J	A	S	O	N	D
				•	•	•	•	•			

Weidebeekjuffer

Kenmerken S 60-70 mm. Mannetje metaalblauwgroen, ***vleugels met grote, donkerblauwe vlek,*** vrouwtje groen met doorschijnend groene vleugels.

Voorkomen In zonnige gebieden bij langzaam stromende sloten, beken en rivieren met rijke ***oevervegetatie*** en zanderige en modderige ondergrond.

Wetenswaardigheden Mannetjes bezetten territoriums aan de rand van het water. Op een blad of tak zittend controleren ze het luchtruim. Soortgenoten worden direct verdreven (als het mannetjes zijn) of het hof gemaakt (als het vrouwtjes zijn). In een merkwaardig langzame ***demonstratievlucht*** patrouilleren ze ook langs de grenzen van het territorium en onderstrepen daarmee hun aanspraak op het gebied. De larven leven onder water goed verborgen tussen wortels en planten.

LESTES SPONSA

J	F	M	A	M	J	J	A	S	O	N	D
					•	•	•	•	•		

Gewone pantserjuffer

Kenmerken S 40-50 mm. Gracieuze kleine libel. Mannetje donkergroen met ***blauwe berijping aan het begin en eind van het achterlijf,*** vrouwtje koperkleurig.

Voorkomen Bij ***stilstaand water,*** vaak in drassige gebieden en bij tuinvijvers.

Wetenswaardigheden Pantserjuffers zijn vaak met zijn tweeën, waarbij het vooraan vliegende mannetje het vrouwtje met zijn aan het achterlijf zittende grijptang bij de nek pakt. Ook terwijl het vrouwtje de eitjes in een plantenstengel legt en daarbij zelfs wel een halfuur onder water kan verdwijnen, laat het mannetje niet los: daardoor wordt vreemdgaan voorkomen.

COENAGRION PUELLA

J	F	M	A	M	J	J	A	S	O	N	D
				•	•	•	•	•			

Azuurwaterjuffer

Kenmerken S 40-50 mm. Zeer slanke kleine waterjuffer. Achterlijf mannetje ***helderblauw met zwarte tekening*** (het 'hoefijzer' zit op het tweede segment van het achterlijf), vrouwtje meestal geelgroen.

Voorkomen Langs stilstaand water ***een van de meest voorkomende waterjuffers,*** ontbreekt in drassige gebieden.

Wetenswaardigheden Als u bij een vijver honderden schijnbaar loodrecht uit het water omhoogstekende blauwe waterjuffers ontdekt, hebt u waarschijnlijk deze soort voor u. Het zijn de mannetjes die hun vrouwtjes, die eitjes leggen tegen de waterplanten, vasthouden.

WEIDEBEEKJUFFER, ♂ (LI) EN ♀ (RE)

GEWONE PANTSERJUFFER

AZUURWATERJUFFER, ♂ (LI) EN ♀ (RE)

ISCHNURA ELEGANS

J	F	M	A	M	J	J	A	S	O	N	D
				•	•	•	•	•			

Lantaarntje

Kenmerken S 30-35 mm. Klein en slank, overwegend zwart ***met helderblauw 'achterlicht'*** (naam!).

Voorkomen Komt overal veel voor bij stilstaand en langzaam stromend water.

Wetenswaardigheden Lantaarntjes ziet u, net zoals de twee vorige soorten, bijna bij iedere tuinvijver. De vrouwtjes van het lantaarntje zetten hun eitjes echter alleen en bijna stiekem af op waterplanten. De roofzuchtige larven hebben net als de verwante soorten 3 lange roerblaadjes aan het achterlijf. Ze vliegen vooral tussen waterplanten en groeien heel snel. Vrij ongebruikelijk voor inheemse libellen is dat in warme jaren twee of zelfs drie generaties volwassen kunnen worden.

PYRRHOSOMA NYMPHULA

J	F	M	A	M	J	J	A	S	O	N	D
			•	•	•	•	•				

Vuurjuffer

Kenmerken S 40-50 mm. Kleine waterjuffer ***met slank, rood lijf.***

Voorkomen In sloten, plassen, vijvers, meren en langzaam stromend water met rijke vegetatie, ook bij tuinvijvers ***komen ze heel vaak voor.***

Wetenswaardigheden De jonge larven van de vuurjuffer maken tussen waterplanten jacht op kleine diertjes, de grotere larven liggen meestal lui op de bodem van het water op de loer. In de herfst zijn de meeste larven volwassen zodat ze na de overwintering al direct klaar zijn voor de laatste vervelling, waaruit de gevleugelde libel tevoorschijn komt. Daarom is de vuurjuffer al in april een van de eerste ***lentebodes*** bij de vijver.

SYMPETRUM VULGATUM

J	F	M	A	M	J	J	A	S	O	N	D
					•	•	•	•	•	•	

Steenrode heidelibel

Kenmerken S 50-65 mm. Mannetje ***helderrood,*** vrouwtje meestal bruin.

Voorkomen Rond vijvers of sloten met veel plantengroei.

Wetenswaardigheden Steenrode heidelibellen vallen ***vooral op in de herfst;*** in dat seizoen zijn ze vaak de meest voorkomende libellen. Omdat het dan meestal al koel is, zonnen ze uitgebreid. Ze zijn daarbij niet erg schuw en u kunt ze goed bekijken. Nog laat in het jaar kunt u de soort eitjes zien leggen. Deze worden afgezet in een tandemvlucht – het mannetje houdt het vrouwtje bij de nek vast. Als de libellen laat zijn, overwinteren de eitjes, anders de larven. Hoe dan ook: de volgende zomer komen de libellen al uit.

LANTAARNTJE

VUURJUFFER

STEENRODE HEIDELIBEL

AESHNA CYANEA

J	F	M	A	M	J	J	A	S	O	N	D
					●	●	●	●	●	●	

Blauwe glazenmaker

Kenmerken S max. 11 mm. Krachtig lijf, ***zwart met heldergroene en blauwe vlekken***.

Voorkomen Bij stilstaand water, ook tuinvijvers. ***Niet zelden ver van het water af*** jagend over bospaden.

Wetenswaardigheden Enorme ogen, met lange borstels bezette vangpoten en ***indrukwekkende vliegmanoeuvres*** – de grote libellen zijn goed toegerust voor de jacht op andere insecten. Onder water zijn ze niet minder gevaarlijk. De larven kunnen zelfs kikkervisjes overmeesteren. De lege larvenomhulsels (exuviae) hangen nog lang na het uitkomen aan plantenstengels in de buurt van de oever.

ANAX IMPERATOR

J	F	M	A	M	J	J	A	S	O	N	D
					●	●	●				

Grote keizerlibel

Kenmerken S max. 11 mm. Achterlijf mannetje ***lichtblauw met zwarte gekartelde band in de lengte***. Vrouwtje matter met bruine band in de lengte.

Voorkomen In stilstaand water met rijke begroeiing.

Wetenswaardigheden Mannelijke keizerlibellen hebben boven het water de absolute soevereiniteit in de lucht. Urenlang zonder tussenlanding onvermoeibaar vliegend verdrijven ze andere grote libellen uit hun territorium en voeren ze spectaculaire luchtgevechten met soortgenoten. Kleinere soorten moeten zelfs vrezen voor hun leven. Eitjesleggende vrouwtjes zitten op drijvende plantendelen en laten de punt van hun achterlijf in het water zakken. De larven hebben, afhankelijk van de temperatuur, één of twee jaar nodig voor hun ontwikkeling.

CORDULEGASTER BOLTONI

J	F	M	A	M	J	J	A	S	O	N	D
					●	●	●				

Gewone bronlibel

Kenmerken S max. 10,5 mm. Zwart met ***smalle, gele dwarse strepen*** op het achterlijf.

Voorkomen In snelstromende, schone en zuurstofrijke ***beken in het middelgebergte en berggebieden,*** slechts zelden in het laagland.

Wetenswaardigheden Bronlibellen gaan bijna nooit ver weg van de beken waarin hun larven leven. Het vrouwtje heeft een lange, stevige legbuis, waarmee ze de eitjes in de zanderige bodem van de beek stopt. Ook de larven graven zich in, alleen kop, voorpoten en staartstekels zijn te zien. De ontwikkeling in koud water duurt vermoedelijk drie tot vijf jaar.

BLAUWE GLAZENMAKER

LARVE VAN DE BLAUWE GLAZENMAKER

GROTE KEIZERLIBEL, ♂

GEWONE BRONLIBEL

LIBELLULA QUADRIMACULATA

J	F	M	A	M	J	J	A	S	O	N	D
				●	●	●	●				

Viervlek

Kenmerken S 65-80 mm. Bruin met per vleugelpaar ***4 opvallende vlekken***.

Voorkomen In stilstaand water, vooral vaak bij plantenrijke, modderige meren. Als enige libel ook in brak water.

Wetenswaardigheden Een van de ***meest opvallende inheemse libellen*** die zich, net zoals de nauw verwante platbuiklibel, graag zittend op uitkijkplaatsen opwarmt in de zon. Opvallend is ook de manier van eitjes leggen: het vrouwtje vliegt, bewaakt door het mannetje, met wippende bewegingen boven het wateroppervlak. De ongeveer 0,5 mm grote eitjes worden ofwel vlak boven de grond afgeworpen of met het achterlijf in het water gelegd, waar ze naar de bodem zinken.

LIBELLULA DEPRESSA

J	F	M	A	M	J	J	A	S	O	N	D
				●	●	●	●				

Platbuiklibel

Kenmerken S 65-80 mm. Het ***zeer brede achterlijf*** bij mannetje blauw berijpt, bij vrouwtje geelbruin.

Voorkomen Weinig veeleisend en vaak bij allerlei stilstaande wateren, ook vrijwel onbegroeid.

Wetenswaardigheden Platbuiklibellen zijn ***zeer beweeglijk.*** Bij net aangelegde tuinvijvers zijn zij meestal de eerste die verschijnen. Mannetjes bezoeken steeds weer hetzelfde ***uitkijkpunt*** om uit te kijken naar prooi of vrouwtjes. Territoriums worden niet verdedigd, eitjes worden in verschillende wateren afgezet waardoor grote verspreiding wordt gegarandeerd en de concurrentie vermindert tussen de in de modder levende larven, die meestal twee jaar nodig hebben voor hun ontwikkeling en ingegraven in de bodem ook lange droogteperioden overleven.

ORTHETRUM CANCELLATUM

J	F	M	A	M	J	J	A	S	O	N	D
					●	●	●	●			

Gewone oeverlibel

Kenmerken S 70-90 mm. ***Achterlijf mannetje blauw berijpt,*** slanker dan de platbuiklibel en zonder donkere vleugelbasis, vrouwtje bruin.

Voorkomen In grotere vijvers, grind- en zandsloten, meren en stilstaand water.

Wetenswaardigheden Veel libellen houden van dichte vegetatie, de oeverlibel heeft het liever wat kaler. Hij wordt aangetrokken door ***zand- en grindoevers*** (naam!) waar hij graag op de grond gaat zitten om te eten en te zonnen. Hij vliegt heel snel en blijft daarbij meestal net boven het wateroppervlak en in de buurt van de oever. De compacte larven leven twee tot drie jaar op de bodem van het water voordat de gevleugelde libellen uitkomen.

VIERVLEK

PLATBUIKLIBEL, ♂

PLATBUIKLIBELLARVE

GEWONE OEVERLIBEL, ♂

MECONEMA THALASSINUM

J	F	M	A	M	J	J	A	S	O	N	D
						•	•	•	•		

Boomsprinkhaan

Kenmerken L 12-15 mm. Met ***erg lange voelsprieten*** en lange springpoten, lichtgroen.

Voorkomen Liefst op ***eiken.*** Komt vooral in warme gebieden vaak voor. Vanwege hun ***schutkleur*** echter moeilijk te zien, zit bovendien graag op de onderkant van de bladeren.

Wetenswaardigheden Boomsprinkhanen worden ***aangetrokken door het licht*** – 's nachts vliegen de anders heimelijke insecten door het huis. Geen angst: de lange legbuis van het vrouwtje is onschuldig. De mannetjes tsjirpen niet, maar trommelen met de achterpoten op bladeren om vrouwtjes te lokken. Als voedsel dienen vooral bladluizen en andere kleine insecten.

TETTIGONIA VIRIDISSIMA

J	F	M	A	M	J	J	A	S	O	N	D
						•	•	•	•		

Grote groene sabelsprinkhaan

Kenmerken L max. 40 mm, S ongeveer 80 mm. Een van onze ***grootste sprinkhanen.*** Lijf door ver uitstekende vleugels sterk 'verlengd', zeer lange voelsprieten.

Voorkomen Komt ***overal veel voor*** in open gebieden met struikgewas, maar ook in tuinen.

Wetenswaardigheden Niet alleen vanwege zijn grootte en markante uiterlijk, ook vanwege zijn mechanisch klinkende ***gezang*** is de sabelsprinkhaan een opvallend insect. Vanaf 's middags tot laat in de nacht is hij te horen, meestal van bovenaf, waar het wat warmer is dan op de grond. Zingende mannetjes zijn vrij trouw aan hun locatie. Het vrouwtje herkent u aan de lange ***legbuis*** waarmee ze de eitjes diep in de grond stopt. Sabelsprinkhanen voeden zich met planten maar vooral met andere insecten die ze vangen met hun stekelige voorpoten.

METRIOPTERA ROESELI

J	F	M	A	M	J	J	A	S	O	N	D
						•	•	•	•		

Greppelsprinkhaan

Kenmerken L 14-18 mm. Compacte, groen of bruin gekleurde sprinkhaan met ***korte vleugels.***

Voorkomen Komt overal voor, vaak in open gebieden, zelfs in ***intensief gebruikte weilanden.***

Wetenswaardigheden Deze sprinkhaansoort voedt zich voornamelijk met grassen en kruiden. De eitjes worden niet in de grond maar in merghoudende plantenstengels gelegd. Larven – die bij sprinkhanen lijken op kleine ongevleugelde volwassen dieren – kunt u vinden vanaf mei. In de zomer klinken vanaf weilanden overal de hoge zoemende gezangen van de mannetjes die op een afstand van ongeveer 10 m nog te horen zijn.

BOOMSPRINKHAAN, ♂

GROTE GROENE SABELSPRINKHAAN, ♀

GREPPELSPRINKHAAN, ♂

GRYLLUS CAMPESTRIS

J	F	M	A	M	J	J	A	S	O	N	D
				•	•	•					

Veldkrekel

Kenmerken L 20-26 mm. Zwart, zeer krachtig, ***met dikke kop en sterke poten.***

Voorkomen In warme zonnige bermen en ***halfdroog gras.***

Wetenswaardigheden Het *luide tsjirpen* van de veldkrekel is vanaf ongeveer 50 m afstand nog te horen. De mannetjes veroorzaken het door hun vleugels schuin tegen elkaar te zetten en tegen elkaar te wrijven. Als u er voorzichtig naartoe loopt, kunt u het insect op een kleine, open ruimte voor zijn holletje zien zitten, waar het bij gevaar direct in verdwijnt. Krekels kwamen vroeger heel vaak voor, maar zijn door de moderne landbouwmethoden zeldzaam geworden.

ACHETA DOMESTICA

J	F	M	A	M	J	J	A	S	O	N	D
•	•	•	•	•	•	•	•	•	•	•	•

Huiskrekel

Kenmerken L max. 2 cm. Bruine krekel.

Voorkomen Ze heten niet alleen huiskrekel, ze zijn het ook: ze komen vrijwel alleen voor in ***bewoonde gebieden.***

Wetenswaardigheden De huiskrekel stamt oorspronkelijk uit Afrika maar kwam al met de Romeinen naar Midden-Europa en vestigde zich vooral in ***warme binnenruimten***. De Romeinen gingen – de huiskrekel bleef. Buiten overleven de diertjes bij ons alleen op plekken waar het ook in de winter warm is, bijvoorbeeld in compost- of afvalhopen. Enerzijds worden de ***nachtactieve alleseters*** bestreden als schadelijke insecten, anderzijds worden ze massaal gekweekt als voedsel voor terrariumdieren.

GRYLLOTALPA GRYLLOTALPA

J	F	M	A	M	J	J	A	S	O	N	D
•	•	•	•	•	•	•	•	•	•	•	•

Veenmol

Kenmerken L 35-50 mm. Zeer groot, cilindervormig, voorpoten met ***enorme scheppen.***

Voorkomen In open terrein met losse bodem, maar ook in tuinen.

Wetenswaardigheden De veenmol is perfect aangepast aan het ***leven onder de grond.*** Daar loopt hij door zelf gegraven, vingerdikke gangenstelsels. Hij voedt zich voornamelijk met diertjes. Als hij bij het graven wordt gehinderd door wortels, dan worden die echter, tot verdriet van tuinders, vaak kapotgebeten. Als hij een keer per ongeluk boven de grond komt, is hij verbazingwekkend snel. Bovendien kan hij zelfs vliegen! 's Nachts klinkt het luide en erg moeilijk te lokaliseren ***krakende gezang*** uit zijn hol onder de grond. Ook de eitjes worden in door de vrouwtjes gegraven holletjes in de grond gelegd en bewaakt. De jonge krekels zijn na ongeveer één jaar volwassen.

VELDKREKEL, ♂

HUISKREKEL, ♀

VEENMOL, ♀

OEDIPODA CAERULESCENS

J	F	M	A	M	J	J	A	S	O	N	D
						•	•	•	•		

Blauwvleugelsprinkhaan

Kenmerken L 15-28 mm. Op open grond zittend is hij ***optimaal gecamoufleerd.***

Voorkomen In droge, hete gebieden met ***schaarse vegetatie***, ook op spoordijken.

Wetenswaardigheden De basiskleur (licht of donkergrijs, bruin of oker) is afhankelijk van de ondergrond en wordt bij iedere vervelling aangepast. Omdat vleugelsprinkhanen veel zwijgzamer zijn dan andere soorten – ze tsjirpen niet om vrouwtjes te lokken – zijn ze ook 'op het gehoor' niet gemakkelijk te vinden. Op hun camouflage vertrouwend vliegen ze pas op als u vlakbij bent. Met hun korte, maar krachtige springpoten schieten ze weg en vliegen ze een paar meter. Maar daardoor verdwijnt ook de camouflage: in de vlucht zijn de ***blauwe achtervleugels*** heel goed te zien.

EUTHYSTIRA BRACHYPTERA

J	F	M	A	M	J	J	A	S	O	N	D
					•	•	•	•			

Kleine goudsprinkhaan

Kenmerken L 13-17 mm (mannetje), 18-26 mm (vrouwtje). Lichtgroen met metalige glans, ***vleugels verkort***, bij vrouwtjes slechts te zien als kleine rode schub.

Voorkomen In ***weiden met lang gras***, zowel vochtig als droog.

Wetenswaardigheden Grassen spelen een grote rol in het leven van de goudsprinkhaan. Ze dienen als voedsel en worden ook gebruikt om eitjes te leggen. Daartoe vouwt het vrouwtje grasssprieten met de achterpoten dubbel en deponeert daartussen 5-6 eitjes in een schuimige vloeistof die na een halfuur is uitgehard tot een bruine cocon. Daar overwintert het legsel goed beschermd tot het volgende voorjaar de larven uitkomen.

CHORTHIPPUS PARALLELUS

J	F	M	A	M	J	J	A	S	O	N	D
					•	•	•	•	•	•	

Krasser

Kenmerken L 13-22 mm. ***Zeer variabel gekleurde*** sprinkhaan met korte voelsprieten. Vrouwtje verkorte vleugels.

Voorkomen In ***allerlei weilanden.*** Hij is ook bestand tegen zwaar bemeste landbouwweilanden. ***Meest voorkomende sprinkhaan.***

Wetenswaardigheden Als u hoogzomer door een weiland loopt, ziet u ze in grote aantallen. Net zoals bij veel andere sprinkhanen zijn ook bij de krasser de vleugels meestal te kort om te vliegen; ze vliegen in sprongen. Opvallend is ook het gezang: vanaf ongeveer 10 m afstand zijn ***ratelcoupletten*** te horen, die bestaan uit meerdere korte elementen, die worden onderbroken door pauzes van een paar seconden. De eitjes worden in de grond gelegd.

BLAUWVLEUGELSPRINKHAAN

KLEINE GOUDSPRINKHAAN, ♂

KRASSER, ♀

NEPA CINEREA

J	F	M	A	M	J	J	A	S	O	N	D
•	•	•	•	•	•	•	•	•	•	•	•

Waterschorpioen

Kenmerken L 17-25 mm. Donkergrijsbruin, plat, de kop eindigt in een 1 cm lange ***adembuis.***

Voorkomen In ***ondiep water,*** meestal in de buurt van de oever.

Wetenswaardigheden De ***krachtige vangpoten***, waaraan de soort zijn naam dankt, doen het al vermoeden: waterschorpioenen zijn roofdieren. Ze vangen kleine kreeftjes, insectenlarven, maar ook kikkervisjes en jonge visjes. De 'schorpioenachtige' staart is geen angel, maar een snorkel om lucht te ademen.

ILYOCORIS CIMICOIDES

J	F	M	A	M	J	J	A	S	O	N	D
•	•	•	•	•	•	•	•	•	•	•	•

Zwemwants

Kenmerken L 12-15 mm. Lijkt op een kever, maar heeft typische wantsenvleugels. ***Achterpoten met lange zwemborstels.***

Voorkomen In plantenrijk stilstaand water.

Wetenswaardigheden Handig zwemmende ***onderwaterjager***, die zijn luchtvoorraad meeneemt onder de vleugels en die steeds weer moet verversen aan het oppervlak. Nieuwe habitats worden te voet over land bereikt. De zwemwants heeft weliswaar vleugels, maar hij heeft geen spieren om die te kunnen bewegen.

NOTONECTA GLAUCA

J	F	M	A	M	J	J	A	S	O	N	D
•	•	•	•	•	•	•	•	•	•	•	•

Bootsmannetje

Kenmerken L 15 mm. Plat, elliptisch lijf met ***heel lange achterpoten***, grote ogen.

Voorkomen Komt veel voor, in stilstaand water, maar ook tuinvijvers.

Wetenswaardigheden Meestal 'hangen' bootsmannetjes ***met hun buik naar boven*** op het wateroppervlak en reageren bliksemsnel op iedere kleine trilling. Het zou immers een prooi kunnen zijn. Hun ***steek*** is zeer pijnlijk (ze worden ook wel 'waterbijen' genoemd).

GERRIS LACUSTRIS

J	F	M	A	M	J	J	A	S	O	N	D
			•	•	•	•	•	•	•		

Schaatsenrijder

Kenmerken L 8-10 mm. De ***lange midden- en achterpoten*** dragen het gewicht en vormen 'deuken' op het wateroppervlak.

Voorkomen Ontbreekt nooit in stilstaand water.

Wetenswaardigheden Beweegt ***schoksgewijs*** glijdend of springend over het wateroppervlak. Zijn perfecte tastzin vertelt hem direct waar een prooi een noodlanding heeft gemaakt op het water en die wordt dan direct gegrepen en leeggezogen.

WATERSCHORPIOEN

ZWEMWANTS

BOOTSMANNETJE

SCHAATSENRIJDER

LYGUS PRATENSIS

J	F	M	A	M	J	J	A	S	O	N	D
			•	•	•	•	•	•	•		

Weidewants

Kenmerken L 6-7 mm. Meestal bruinig met ***licht, driehoekig rugschildje.***

Voorkomen Scharrelt vooral in de ***kruidenlaag,*** minder in bomen.

Wetenswaardigheden De volwassen insecten overwinteren op de grond of onder schors en gaan in het voorjaar naar verse planten. Daar leggen ze ook hun eitjes, het liefst in bloemknoppen of vruchtbeginsels. De larven voeden zich net zoals de ouders: met hun spitse steeksnuit boren ze planten aan en zuigen het suikersap op. Er kunnen wel drie generaties volgen voordat de volgende winter hen weer dwingt zich te verbergen.

NABIS PSEUDOFERUS

J	F	M	A	M	J	J	A	S	O	N	D
•	•	•	•	•	•	•	•	•	•	•	•

Sikkelwants

Kenmerken L 8-9 mm. Slank, overwegend lichtbruin met ***2 kleine zwarte puntjes*** op iedere vleugel.

Voorkomen Komt in heel veel habitats vaak voor.

Wetenswaardigheden Alle sikkelwantsen hebben een opvallende ***sikkelvormig gebogen steeksnuit***. De voorpoten waarmee ze hun prooi vasthouden zijn krachtig. Over het algemeen zijn het andere insecten en spinnen die hun slachtoffer worden. Sinds kort wordt geprobeerd om *Nabis pseudoferus* in te zetten als ***biologisch bestrijdingsmiddel*** tegen de Midden-Amerikaanse tomatenmineermot, die zich sinds 2006 ook in Europa verspreidt.

ANTHOCORIS NEMORUM

J	F	M	A	M	J	J	A	S	O	N	D
		•	•	•	•	•	•	•	•	•	

Gewone bloemenwants

Kenmerken L net 5 mm. Levendig zwart-bruin-witte ***rugtekening.***

Voorkomen ***Een van de meest voorkomende wantssoorten*** en vrijwel overal te vinden.

Wetenswaardigheden De naam is verwarrend: bloemenwantsen zijn minder te vinden op bloemen dan op ***bladeren*** van bomen, vaste planten en kruiden. Daar ***jagen ze op kleine insecten,*** zoals bladluizen of vliegen, en daarom worden ze gezien als nuttig. Af en toe vergrijpen ze zich echter ook aan mensen en tappen ze een druppeltje bloed af. Omdat bloemenwantsen overwinteren als imago, kunt u ze al vroeg in het jaar zien. Met twee of drie generaties is de soort de hele zomer aanwezig.

WEIDEWANTS

SIKKELWANTS

BLOEMENWANTS

CIMEX LECTULARIUS

J	F	M	A	M	J	J	A	S	O	N	D
•	•	•	•	•	•	•	•	•	•	•	•

Bedwants

Kenmerken L ongeveer 5 mm. Breed, plat en praktisch ***vleugelloos.***

Voorkomen Meestal in ***gebouwen,*** door de mens wereldwijd verspreid. In Midden-Europa door goede hygiëne zeldzaam geworden.

Wetenswaardigheden Overdag verbergen de erg platte ***parasieten*** zich in heel kleine spleetjes, 's nachts brengen ze hun gastheren een bezoek. Tussen ieder van de vijf vervellingen zit ten minste één ***bloedmaaltijd***. Als het optimaal is (voor de wants), is de ontwikkeling in zes tot acht weken voltooid. Zo niet: in geval van nood kan het insect zes maanden zonder voedsel. De nachtelijke steek voel je nauwelijks, maar wel de jeukende bultjes die later ontstaan.

REDUVIUS PERSONATUS

J	F	M	A	M	J	J	A	S	O	N	D
				•	•	•	•				

Maskerwants

Kenmerken L 15-18 mm. Zwart, afgeplat, meestal ***bedekt met vuildeeltjes.***

Voorkomen Voornamelijk ***in (oude) gebouwen*** en daar dus niet zeldzaam.

Wetenswaardigheden Vooral de larven camoufleren zich met 'vuil' uit de omgeving. Na iedere vervelling gooien ze stof- en vuildeeltjes op hun rug, die daar aan de haartjes blijven kleven – de alternatieve namen ***stofwants*** of ***vermomde wants*** spelen daarop in. 's Nachts vangt hij andere insecten zoals zilvervisjes (bladzijde 138), bedwantsen (hierboven) of vliegen. Als u een maskerwants ziet, vang dit ***nuttige insect*** dan niet, want hij kan gevoelig steken.

PYRRHOCORIS APTERUS

J	F	M	A	M	J	J	A	S	O	N	D
•	•	•	•	•	•	•	•	•	•	•	•

Vuurwants

Kenmerken L 10-12 mm. ***Zwartrood signaalpatroon***, de korte vleugels bedekken het zwarte achterlijf niet.

Voorkomen Wijd verspreid, bijzonder opvallend in parken, oude kerkhoven en tuinen.

Wetenswaardigheden Vuurwantsen overwinteren als imagines. Op mooie dagen ***aan het eind van de winter*** zitten hele groepen zich op te warmen aan de voet van de stam van vooral lindebomen of tegen muren op het zuiden. Later in het voorjaar kunt u talloze larven ontdekken in de kolonies, gemakkelijk herkenbaar aan hun geringe grootte en het ontbreken van de vleugels. Vuurwantsen zuigen vooral aan zaadjes van lindebomen. Ze houden ook van malva's ('hibiscus').

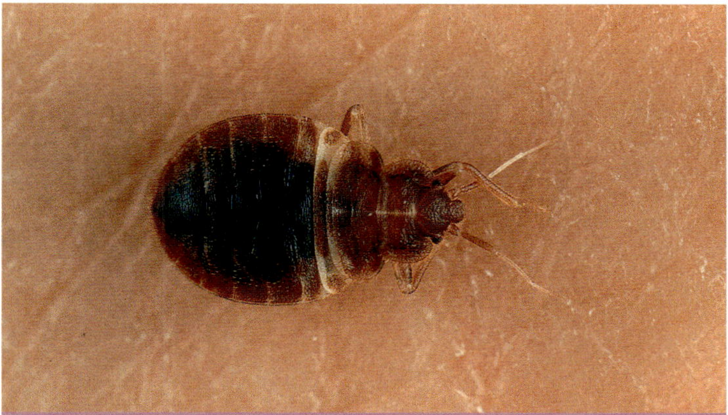
BEDWANTS

MASKERWANTS, LARVE

MASKERWANTS

VUURWANTS, IMAGINES EN LARVE

WANTSEN

CORÉUS MARGINATUS

J	F	M	A	M	J	J	A	S	O	N	D
				●	●	●	●	●	●		

Zuringwants

Kenmerken L 11-16 mm. ***Brede schouders*** en een breed, boven de vleugels uitstekend achterlijf, ***leerachtig bruin oppervlak.***

Voorkomen Komt vaak voor, vooral op vochtige weiden en in bossen, maar ook in tuinen.

Wetenswaardigheden Veel wantsen hebben lievelingsplanten, waaraan ze uitsluitend of het liefst zuigen. Die van de zuringwants is de ***zuring***. Daar worden in het voorjaar ook de eitjes op gelegd. De larven zitten dus meteen op de juiste voedingsplant en zuigen eerst aan de blaadjes, later aan de vruchten. De volgende generatie, die hoogzomer verschijnt, is minder kieskeurig en te zien op verschillende struiken en vaste planten (distels, bramen, e.d.). Daarna wordt er overwinterd in plantenresten op de grond.

CORIZUS HYOSCYAMI

J	F	M	A	M	J	J	A	S	O	N	D
		●	●	●	●	●	●	●	●		

Kaneelwants

Kenmerken L 9-12 mm. Doet met de ***roodzwarte tekening*** denken aan de vuurwants (bladzijde 26), maar met langere vleugels, veel dichter behaard en met een lichte kaneelgeur.

Voorkomen In niet te vruchtbare ***weilanden (schrale grasvelden),*** zonnige en droge bermen en hellingen.

Wetenswaardigheden Net zoals de vuurwants overwintert de kaneelwants als imago in plantenresten op de grond, maar niet in groepen. De favoriete voedingsplanten zijn koningskaars en verschillende composieten. Ook op schermbloemigen kunt u de soort regelmatig ontdekken.

GRAPHOSOMA LINEATUM

J	F	M	A	M	J	J	A	S	O	N	D
				●	●	●	●	●	●		

Pyjamawants

Kenmerken L 8-12 mm. Opvallende ***zwartrode lengtestrepen,*** afgezet met een rand.

Voorkomen In droge grasvelden, weiden, bermen en bossen; vaker in het zuiden.

Wetenswaardigheden Het kleine schildje, dat bij wantsen aan de voorkant tussen de samengevouwen vleugels zit, bedekt bij de pyjamawants bijna het hele achterlijf. Dat geeft hem een ***keverachtig uiterlijk.*** Pyjamawantsen zitten het liefst op schermbloemigen; ze houden vooral van wilde peen, maar zuigen ook graag aan de onrijpe zaden van de berenklauw. De opvallende ***kleur waarschuwt tegen consumptie***: pyjamawantsen zijn niet te eten voor vijanden.

ZURINGWANTS

KANEELWANTS

PYJAMAWANTS

PALOMENA PRASINA

J	F	M	A	M	J	J	A	S	O	N	D
			●	●	●	●	●	●	●	●	

Groene stinkwants

Kenmerken L 12-14 mm. Kenmerkende ***schildvorm*** van de boomwantsen, heldergroen.

Voorkomen Komt veel voor, zowel langs de rand van bossen, op open plekken in het bos en weilanden als in tuinen.

Wetenswaardigheden Hebt u wel eens een lekkere framboos geplukt en walgend weer uitgespuugd? Groene stinkwantsen, ook liefhebbers van deze vruchten, laten vaak een moeilijk te beschrijven ***weerzinwekkende 'wantsensmaak'*** achter, die ze gebruiken ter verdediging. Interessant is ook hun vermogen om ***van kleur te veranderen***. Voordat ze naar hun winterverblijf gaan, worden ze onopvallend bruin, in het voorjaar weer frisgroen.

DOLYCORIS BACCARUM

J	F	M	A	M	J	J	A	S	O	N	D
			●	●	●	●	●	●	●		

Bessenwants

Kenmerken L 10-14 mm. Door 'brede schouders' en schildvormig lichaam gekenmerkt als boomwants en nauw verwant aan de stinkwants, ***opvallende geringde voelsprieten.***

Voorkomen Een van de ***meest voorkomende boomwantsen***, langs de rand van bossen, hagen en wegen, in tuinen en weilanden.

Wetenswaardigheden Net zoals de stinkwants houdt ook deze soort van bosvruchten en maakt ze oneetbaar (maar niet giftig). Dit is echter niet zijn enige voedsel, hij zuigt ook aan veel kruidachtige en vaste planten. Na de overwintering – goed verborgen op de grond – paren de wantsen in het voorjaar. De vrouwtjes zetten eipakketjes af onder de bladeren. Vijf vervellingen en twee maanden later zijn de wantsenjongen volwassen.

EURYDEMA ORNATUM

J	F	M	A	M	J	J	A	S	O	N	D
				●	●	●	●	●			

Rode koolwants

Kenmerken L 7-9 mm. Zwartrood of zwartgeel met ***6 zwarte vlekken op het halsschild.***

Voorkomen Een soort van open, warme habitats. Komt in het zuiden duidelijk vaker voor dan verder naar het noorden.

Wetenswaardigheden Rode koolwantsen zuigen vrijwel uitsluitend aan ***kruisbloemigen***, bijna nooit aan grassen en aardappelloof. Tot de kruisbloemigen behoren ook cultuurplanten zoals de kool, waarbij de soort bij ernstige aantasting wordt gezien als schadelijk (***'groentewants'***). Bij ons is de rode koolwants, die ***van warmte houdt***, nog relatief zeldzaam. Hij breidt zich echter door de verandering van het klimaat, van Zuid-Europa steeds verder uit naar het noorden. Intussen heeft de soort zich al gevestigd in het zuiden van Engeland.

GROENE STINKWANTS

BESSENWANTS

RODE KOOLWANTS

DYTISCUS MARGINALIS

J	F	M	A	M	J	J	A	S	O	N	D
			•	•	•	•	•	•	•		

Geelgerande watertor

Kenmerken L 27-35 mm. Zeer groot, mannetje glad, vrouwtje gegroefd, bruin ***met geelgerand halsschild en randen van de dekschilden.***

Voorkomen In stilstaand ***vegetatierijk water.***

Wetenswaardigheden De ***larve*** is nog groter dan de kever zelf: hij kan wel 6 cm lang worden. Beide – zowel kever als larve – maken jacht op alles wat ze nog kunnen overweldigen, behalve insectenlarven ook kikkervisjes, salamanders en kleine visjes. De kever komt aan het oppervlak om te ademen en ververst daar zijn onder de dekschilden meegevoerde ***luchtvoorraad***. Ondanks zijn aanpassingen aan het leven in het water – lichaamsvorm, zwempoten e.d. – vliegt de geelgerande watertor goed en graag. De larve graaft zich om te verpoppen in aan land. De kever kan vijf jaar oud worden.

GYRINUS SUBSTRIATUS

J	F	M	A	M	J	J	A	S	O	N	D
		•	•	•	•	•	•	•	•		

Slootschrijvertje

Kenmerken L 5-7 mm. Zwart, ***lensvormig, roeipoten.***

Voorkomen In stilstaand en rustige delen van stromend water.

Wetenswaardigheden Slootschrijvertjes zijn nooit alleen. Ze zwemmen in ***groepen in kleine kringen op het wateroppervlak*** snel door elkaar. Alleen als ze bedreigd worden, duiken ze naar beneden. Slootschrijvertjes hebben ***2 paar ogen***, het ene paar controleert het luchtruim, het andere kijkt onder water. Belangrijke zintuigen zijn ook de voelsprieten die op het wateroppervlak rusten en trillingen registreren die worden gemaakt door prooidieren (of hindernissen). De larven leven op de bodem van het water.

HYDROPHILUS PICEUS

J	F	M	A	M	J	J	A	S	O	N	D
			•	•	•	•	•	•	•	•	

Spinnende watertor

Kenmerken L max. 50 mm, larve max. 70 mm. ***Grootste inheemse watertor***, bovenkant glanzend zwart.

Voorkomen In stilstaand water met veel zon en planten, tegenwoordig ***heel zeldzaam***.

Wetenswaardigheden In tegenstelling tot de geelgerande watertor is dit geen jager maar een ***vegetariër*** – afgezien van de larven, die vooral leven van waterslakken. De torren zwemmen vrij onbeholpen; ze bewegen hun poten onder water om de beurt, niet synchroon zoals veel andere watertorren. Voor de ongeveer 50 eitjes spint het vrouwtje een beschermende cocon van ongeveer 2 cm, die op het water drijft en wordt geventileerd via een kleine 'schoorsteen'. Bedreigde en baltsende torren kunnen ***geluiden*** produceren.

GEELGERANDE WATERTOR, ♂

GEELGERANDE WATERTOR, LARVE

SLOOTSCHRIJVERTJE

SPINNENDE WATERTOR

CICINDELA CAMPESTRIS

J	F	M	A	M	J	J	A	S	O	N	D
			•	•	•	•	•	•			

Groene zandloopkever

Kenmerken L 10-18 mm. Slank en met lange poten, ***metaalachtig groen met kleine gele vlekken***

Voorkomen *Houdt van warmte,* op zonnige, overwegend zanderige grond in duinen, op droge hellingen en glooiingen.

Wetenswaardigheden Een zandloopkever is niet zo gemakkelijk te observeren. Als u hem nadert, ***vliegt hij*** al op grote afstand weg. Deze uitermate behendige jager heeft krachtige tangen aan zijn kaken, waarmee hij andere insecten vangt. Zijn ***larven leven in de grond***, maar zijn niet minder gevaarlijk. Hun platte kop sluit hun woonbuis volledig af en maakt ze grotendeels onzichtbaar. Voorbijkomende insecten worden vanuit deze dekking bliksemsnel gegrepen.

CARABUS AURATUS

J	F	M	A	M	J	J	A	S	O	N	D
			•	•	•	•	•				

Gouden schalebijter

Kenmerken L 17-30 mm. ***Groenachtig goud glanzend***, dekschilden met elk 3 ribbels in de lengte, poten oranje.

Voorkomen Op de grond in open, niet te koele gebieden, maar ook in tuinen.

Wetenswaardigheden Als insecten- en slakkenjager is de gouden schalebijter (ook ***gouden loopkever*** genoemd) een graag gezien ***nuttig insect***. De larve, die ook een rover is, verpopt zich in de zomer, de imagines komen in de herfst uit en overwinteren in de grond. Als u bij het spitten een koude stijve kever vindt, laat hem dan liggen waar hij ligt. In april komt uw assistent weer aan het oppervlak. Omdat hij, anders dan veel verwante loopkevers, overdag actief is, zult u hem vaak zien.

CARABUS CORIACEUS

J	F	M	A	M	J	J	A	S	O	N	D
				•	•	•	•	•	•		

Lederloopkever

Kenmerken L 30-40 mm en daarmee de ***grootste inheemse loopkever.*** Matzwart, grof generfde dekschilden.

Voorkomen Liefst in bossen, maar komt ook voor in open terrein en tuinen. Vroeger zeer veel voorkomend, tegenwoordig duidelijk zeldzamer.

Wetenswaardigheden Laat de grote kever zijn gang gaan: hij kan gevoelig bijten en verspreidt als afweer een stinkende ***afscheiding.*** Dit aandenken impregneert huid en kleding heel lang. Bovendien maken zijn grote eetlust en zijn menu (slakken, wormen, insecten, aas) hem tot een populaire ***assistent tegen schadelijke insecten*** in de landbouw en tuinen.

GROENE ZANDLOOPKEVER

GOUDEN SCHALEBIJTER

LEDERLOOPKEVER

STAPHYLINUS CAESAREUS

J	F	M	A	M	J	J	A	S	O	N	D
			•	•	•	•	•	•	•		

Goudgeschilde kortschildkever

Kenmerken L 17-25 mm. Zwart met ***korte, rode dekschilden*** en lichte haarvlekken op het achterlijf.

Voorkomen ***Op de grond,*** graag op droge zonnige plekken.

Wetenswaardigheden De grote kortvleugelige kever ***loopt vrij goed,*** maar kan ook vliegen. De vliezige vleugels zijn heel geraffineerd en ruimtebesparend onder de korte dekschilden gevouwen. Als u een kortschildkever opspoort, zal hij echter bijna nooit vluchten. Meestal vouwt hij zijn achterlijf naar boven en richt hij zijn afweerklieren. De soort is meestal, op insecten(larven) en naaktslakken jagend, te vinden in het strooisel.

OCYPUS OLENS

J	F	M	A	M	J	J	A	S	O	N	D
			•	•	•	•	•	•	•		

Stinkende kortschildkever

Kenmerken L 22-32 mm. Korte dekvleugels, ***sterke kaken***, volledig zwart.

Voorkomen Liefst in (loof)bossen en langs de rand van het bos.

Wetenswaardigheden Als de grootste kortvleugelige kever van Midden-Europa zich bedreigd voelt en zijn achterlijf met draaiende bewegingen naar boven steekt, doet hij menig geschrokken toeschouwer denken aan een ***kleine schorpioen.*** Hij is te vinden op de bodem, onder hout en stenen. De Engelse naam (devil's coach horse – koetspaard van de duivel) verwijst naar zijn gedrag en de wetenschappelijke (*olens* = stinkend) naar de ***stinkende afscheiding*** die hij produceert ter verdediging.

NICROPHORUS VESPILLO

J	F	M	A	M	J	J	A	S	O	N	D
			•	•	•	•	•	•			

Krompootdoodgraver

Kenmerken L 12-22 mm. Zwart met 2 onregelmatige ***oranjerode banden.***

Voorkomen Komt veel voor ***op de grond*** op open terrein – in het bos leeft een andere, bijna hetzelfde uitziende soort.

Wetenswaardigheden Krompootdoodgravers zijn ***perfecte ouders.*** Het mannetje spoort een klein dierenlijkje op en geeft, daar aangekomen, geurstoffen af om het vrouwtje te lokken. Samen graven ze tunnels onder het aas, laten het zo in de grond zakken en maken er een bal van. Als de larven uit de in een zijgang gelegde eitjes komen, roepen de ouders ze met tsjirpende geluiden en voeren ze in het begin met zelfgemaakt, voorverteerd 'aassap'. Na zeven dagen zijn de dan diep in de aasbal begraven larven klaar om zich te verpoppen. De kever komt al in de herfst uit, maar overwintert nog in de grond.

GOUDGESCHILDE KORTSCHILDKEVER

STINKENDE KORTSCHILDKEVER

KROMPOOTDOODGRAVER

OECEOPTOMA THORACICA

J	F	M	A	M	J	J	A	S	O	N	D
			●	●	●	●	●				

Oranje aaskever

Kenmerken L 12-16 mm. Plat, matzwart met verbreed, ***roodbruin halsschild.***

Voorkomen ***Op de grond*** zowel in bossen als op open terrein en in tuinen.

Wetenswaardigheden De oranje aaskever, evenals de krompootdoodgraver een van de 27 Midden-Europese soorten van de ***familie aaskevers,*** eet behalve aas ook allerlei andere stinkende dingen. Hij wordt ook aangetrokken door uitwerpselen, de ondraaglijk geurende Europese stinkzwam en andere rottende paddenstoelen. De ***larven lijken op pissebedden*** (bladzijde 148) en zijn, anders dan die van de krompootdoodgraver, onder de grond bezig. Ze voeden zich net zoals de volwassen kevers.

LAMPROHIZA SPLENDIDULA

J	F	M	A	M	J	J	A	S	O	N	D
					●	●					

Kleine glimworm

Kenmerken L 8-10 mm. ***Mannetje met 'normale' kevervorm, vrouwtje lijkt*** met nauwelijks zichtbare vleugels en geel geleed achterlijf op ***een larve.***

Voorkomen In lichte loofbossen, aan de rand van bos, parken en vochtige weiden.

Wetenswaardigheden Zowel mannetjes als vrouwtjes hebben ***een lichtorgaan*** dat ze 's nachts aanzetten om een partner te vinden. De vrouwtjes, die niet kunnen vliegen, stralen op de grond licht uit en de mannetjes gaan daar gericht op af. Het ***groene continue licht*** wordt geproduceerd in speciale lichtorganen. Het licht is 'koud': vrijwel alle geproduceerde energie komt vrij als straling, een lichtend voorbeeld voor iedere technicus.

CANTHARIS FUSCA

J	F	M	A	M	J	J	A	S	O	N	D
				●	●	●					

Zwartpootsoldaatje

Kenmerken L 11-15 mm. Relatief ***zachte zwarte dekvleugels***, halsschild rood met donkere vlek.

Voorkomen Stelt geen bijzondere eisen. ***Komt overal zeer veel voor***.

Wetenswaardigheden Het zwartpootsoldaatje is een van de meer dan 100 Midden-Europese weekschildkeversoorten en heeft veel verwanten. Bloemen zijn door hen vaak praktisch overbevolkt. Vooral populair zijn de uitnodigende schermen van ***schermbloemigen.*** Daar zijn ze niet alleen geïnteresseerd door de pollen en nectar, maar maken ze ook kleine insecten buit. De larven leven in de grond van regenwormen en insecten(larven) met een zachte huid. In de winter lopen de zwarte, sterk gelede larven vaak op de sneeuw (***'sneeuwwormen'***).

ORANJE AASKEVER

GLIMWORM, ♂

GLIMWORM, ♀

ZWARTPOOTSOLDAATJE

ATHOUS HAEMORRHOIDALIS

J	F	M	A	M	J	J	A	S	O	N	D
			●	●	●	●	●	●			

Kniptor

Kenmerken L 10-15 mm. ***Zeer slank***, zwart, fijn behaard.

Voorkomen Komt veel voor in veel habitats.

Wetenswaardigheden Als u dit insect op zijn rug legt, springt hij met een ***duidelijke klik*** een paar centimeters de lucht in en landt meestal zoals gepland op zijn 6 pootjes. De kevers zitten meestal op bloemen. Bij gevaar laten ze zich gewoon vallen – het is immers geen probleem voor hen als ze op hun rug terechtkomen. De dunne, maar zeer harde larven ***('ritnaalden')*** knagen aan wortels en zijn verantwoordelijk voor het verschrompelen van veel nieuwe stekjes in de tuin.

THANASIMUS FORMICARIUS

J	F	M	A	M	J	J	A	S	O	N	D
		●	●	●	●						

Bonte mierkever

Kenmerken L 7-11 mm. Opvallende ***zwart-wit-roodbruine tekening***, sterk behaard.

Voorkomen Komt in ***naaldbossen*** overal veel voor.

Wetenswaardigheden Qua lichaamsvorm en nijvere manier van voortbewegen doen de kevers weliswaar denken aan mieren, maar daar hebben ze niets mee te maken. Het voorwerp van hun begeerte zijn andere insecten: ***schorskevers.*** Zowel de imagines als de larven van de bonte mierkever leven vrijwel uitsluitend van deze veel voorkomende schadelijke bosinsecten. Volwassen bonte mierkevers vangen vooral kevers boven de grond, terwijl hun slanke larven onder de schors zoeken naar de larven van de schorskever, die ze achtervolgen tot in hun gangen.

PSYLLOBORA VIGINTIDUOP.

J	F	M	A	M	J	J	A	S	O	N	D
		●	●	●	●	●	●	●	●	●	

Citroenlieveheersbeestje

Kenmerken L 3-5 mm. ***Geel*** met 5 ***zwarte stippen*** op het halsschild en 22 op de dekschilden *(p. vigintiduopunctata)*. Larven lichtgeel met heel veel zwarte stipjes.

Voorkomen Wijd verspreid en komt veel voor. Houdt van warmte en zon.

Wetenswaardigheden Anders dan vele verwanten is dit geen rover. Zowel de larven als de imagines 'grazen' ***meeldauwschimmels*** af, die als parasieten de bladeren van loofgewassen bedekken met een witte laag schimmeldraden. In tuinen zijn vooral rozen gevoelig voor meeldauw – daar kunt u het citroenlieveheersbeestje dan ook regelmatig zien.

KNIPTOR

KNIPTOR, LARVE

BONTE MIERKEVER MET SCHORSKEVERPOP

CITROENLIEVEHEERSBEESTJE

COCCINELLA SEPTEMPUNCTATA

J	F	M	A	M	J	J	A	S	O	N	D
•	•	•	•	•	•	•	•	•	•	•	•

Zevenstippelig lieveheersbeestje

Kenmerken L 5-8 mm. Bol, halsschild met 2 witte vlekken, ***dekschilden oranje met 7 stippen.*** Larve blauwgrijs met oranje vlekken.

Voorkomen Komt overal veel voor.

Wetenswaardigheden Zowel de kevers als de larven zijn insectenjagers en spelen een belangrijke rol bij de ***biologische bestrijding van schadelijke insecten.*** In de paar weken tussen het uitkomen en verpoppen, eet een larve meer dan 600 ***bladluizen***! Met maximaal 800, meestal al vlak bij bladluiskolonies gelegde eitjes per vrouwtje zijn massale vermeerderingen in bladluisjaren niet zeldzaam. Lieveheersbeestjes worden bijna één jaar oud en overwinteren graag in onverwarmde delen van gebouwen.

HARMONIA AXYRIDIS

J	F	M	A	M	J	J	A	S	O	N	D
•	•	•	•	•	•	•	•	•	•	•	•

Veelkleurig Aziatisch lieveheersbeestje

Kenmerken L 6-8 mm. ***Zeer variabel*** van geel tot rood en bijna zwart, halsschild licht, vaak met zwarte 'W', 0 tot 21 (meestal 19) stippen.

Voorkomen Komt overal veel voor.

Wetenswaardigheden De ***uit het Verre Oosten afkomstige*** kevers worden in Amerika en sinds 1982 ook in Frankrijk ingevoerd als effectieve bladluiseters voor het bestrijden van schadelijke insecten. Kort na de eeuwwisseling breidde hij zich razendsnel uit over heel Europa. Opvallend zijn ze vooral als er zich in oktober duizenden tegelijk verzamelen op huismuren op zoek naar een ***plaats om te overwinteren.*** De nieuwe inwoner is niet kieskeurig en eet ook larven van inheemse soorten, zodat gevreesd wordt dat die zullen worden verdrongen. In wijngebieden vreet hij ook onbespoten druiven aan – en bederft met zijn bitterstoffen het druivensap.

ANATIS OCELLATA

J	F	M	A	M	J	J	A	S	O	N	D
		•	•	•	•	•	•	•	•		

Oogvleklieveheersbeestje

Kenmerken L 8-9 mm. ***Zwarte stippen met lichte randen*** op de dekschilden ('oogvlekken').

Voorkomen Komt veel voor, vooral in ***naaldbossen,*** maar ook in parken en tuinen.

Wetenswaardigheden De reus onder de ongeveer 80 soorten lieveheersbeestjes bij ons, gaat vooral op jacht op naaldbomen die sterk zijn aangetast door boom- en dennenluizen. Daarom wordt hij gezien als een belangrijk ***nuttig insect in het bos.*** Er wordt overwinterd in groepen in de onderlaag of achter de bast van naaldbomen.

ZEVENSTIPPELIG LIEVEHEERSBEESTJE

ZEVENST. LIEVEHEERSBEESTJE, LARVE

VEELKLEURIG AZIATISCH LIEVEHEERSBEESTJE

OOGVLEKLIEVEHEERSBEESTJE

DERMESTES LARDARIUS

J	F	M	A	M	J	J	A	S	O	N	D
●	●	●	●	●	●	●	●	●	●	●	●

Gewone spekkever

Kenmerken L 7-9 mm. Zwart, voorste helft van de dekvleugels met ***geelgrijze haartekening.*** Larve opvallend lang behaard.

Voorkomen Komt wereldwijd veel voor, vooral in ***woningen***.

Wetenswaardigheden De naam is niet zomaar ontstaan: de geur van vleesresten werkt als een magneet op de kever. In de vrije natuur zijn dit kadavers, in huis de provisiekamer. Spekkevers schrikken ook niet terug voor droog voedsel: worst, leer, bont… Ze worden in musea gehouden om te helpen bij de ***preparatie van de dunne skeletten*** van muizen of vogels: ze knagen ieder botje zorgvuldig kaal.

ANTHRENUS VERBASCI

J	F	M	A	M	J	J	A	S	O	N	D
●	●	●	●	●	●	●	●	●	●	●	●

Museumkever (of tapijtkever)

Kenmerken L 2-3,5 mm. Bol, bont getekend.

Voorkomen Komt veel voor, zowel in de vrije natuur als in woningen en opslagruimten.

Wetenswaardigheden De kevers zelf zijn onschuldig. Ze voeden zich met pollen en nectar. De ***larven*** daarentegen zijn ***gespecialiseerd in moeilijk verteerbare dingen***, zoals keratine (hoorn, haar, wol, veren) en chitine (insectenpantsers). Ze kunnen enorme schade aanrichten. Als hun typische, ongeveer 5 mm lange, sterk behaarde vervellingsresten met de lange en gemakkelijk afbrekende eindborstels ergens in een museum worden gevonden, dan rinkelen de alarmbellen. Let erop of bij u veel kevers binnen op de ramen zitten: u kunt er dan vrij zeker van zijn dat ze in uw huis zijn uitgekomen.

TENEBRIO MOLITOR

J	F	M	A	M	J	J	A	S	O	N	D
●	●	●	●	●	●	●	●	●	●	●	●

Meeltor

Kenmerken L 12-20 mm. Langgerekt, donkerbruin of ***zwart met gegroefde dekschilden.***

Voorkomen ***Cultuurvolger*** in molens en woningen, buiten vooral in vermolmd hout en vogelnesten.

Wetenswaardigheden Bekender dan de meeltor zelf zijn de ***'meelwormen'*** – geen echte wormen, maar niets anders dan de larven. Ze kunnen gemakkelijk worden gekweekt en zijn belangrijk levend voer voor huisdieren, zoals vogels en reptielen. Ze worden minder graag gezien in voorraden. De kevers zijn nachtactief en vliegen graag naar het licht. Als u er eentje vindt in uw huis, is hij daar meestal op die manier gekomen en is dat nog geen reden om direct de hele meelvoorraad in de voorraadkamer te zeven.

SPEKKEVER, LARVE

GEWONE SPEKKEVER

MUSEUMKEVER

MEELTOR, IMAGINES, LARVE EN POP

MELOE PROSCARABAEUS J F M A M J J A S O N D

Oliekever

Kenmerken L 11-35 mm. Zwart glanzend, vrouwtje met ***korte dekschilden en dik achterlijf.***

Voorkomen ***Houdt van warmte.*** Komt niet veel voor in open terrein.

Wetenswaardigheden Van de vele duizenden eitjes die de kever legt, komen er maar heel weinig uit. De net uitgekomen larven moeten namelijk eerst een bloem beklimmen en hopen dat ze zich daar kunnen ***vastklampen aan*** een naar nectar zoekende ***wilde bij***. Die brengt ze dan naar zijn nest, waar de keverlarven eerst het ei van de bij opeten en dan de voorraad pollennectar plunderen, die de bij eigenlijk had aangelegd voor zijn eigen nakomelingen. In de herfst verlaat de larve het bijennest en overwintert onder de grond voordat hij zich verpopt en in het voorjaar uitkomt.

ANOPLOTRUPES STERCOROSUS J F M A M J J A S O N D

Bosmestkever

Kenmerken L 12-19 mm. Krachtig gebouwd, met ***brede graafpoten,*** dekschilden in de lengte gegroefd, met ***staalblauwe glans.***

Voorkomen Komt veel voor in ***bossen.***

Wetenswaardigheden Als u vaak in het bos bent, hebt u hem vast al eens gezien. Op donkere bospaden zie je de soort heel vaak, meestal rustig over de grond scharrelend. De kevers sporen ***uitwerpselen*** op via de 'geur'. Die worden in porties opgeslagen in een ruimte ***onder de grond***, die het vrouwtje al in de buurt heeft gegraven. Vanuit deze ruimte lopen meerdere met uitwerpselen gevulde gangen, die allemaal dienen als eigen 'kinderkamers'. De larven overwinteren en verpoppen zich pas het volgende jaar.

MELOLONTHA MELOLONTHA J F M A M J J A S O N D

Meikever

Kenmerken L 20-30 mm. ***Waaiervoelsprieten***, zwart halsschild, ***bruine dekschilden***, spits achterlijf.

Voorkomen ***Aan de rand van bossen en boomgaarden.*** De vergelijkbare bosmeikever (bruin halsschild) leeft ook in lichte bossen.

Wetenswaardigheden De kever leeft drie tot vier jaar als ***engerling*** onder de grond en knaagt aan wortels. Dan verpopt hij zich. Al voor de winter komt hij uit, maar hij blijft nog tot de lente onder de grond. Dan komen de kevers bijna allemaal tegelijk tevoorschijn. Als ze ***massaal verschijnen*** – tegenwoordig nog zelden – hoor je de weken erna in eiken- en beukenbossen, maar ook in grasland met fruitbomen het lichte knisperen van vretende kevers. Wanneer kaalvraat dreigt van hele stukken bos, worden meikevers nog steeds bestreden.

OLIEKEVER, ♀

BOSMESTKEVER

MEIKEVER, LARVE

MEIKEVER

AMPHIMALLON SOLSTITIALE

J	F	M	A	M	J	J	A	S	O	N	D
				•	•	•					

Junikever

Kenmerken L 14-18 mm. Egaal bruin, ***sterk behaard.***

Voorkomen Komt veel voor in ***open landschappen*** met weilanden, fruitbomen, bosranden, maar ook in tuinen.

Wetenswaardigheden De ontwikkeling van de junikever verloopt net zoals die van zijn grote familielid, de meikever. Zijn ***engerlingen*** vreten graswortels en brengen twee tot drie jaar onder de grond door. Opvallend is het ***zwermen van de junikever***: op sommige zachte avonden is de lucht in de avondschemering vervuld van hun gebrom. Ze oriënteren zich daarbij graag op een hoog en geëxponeerd oriëntatiepunt en verzamelen zich op daken van woningen of solitair staande bomen. Ook zwermen ze graag om het hoofd van iemand die een avondwandelingetje maakt, waarbij de vrij onbeholpen vliegers hem af en toe harder raken dan de bedoeling was.

ANOMALA DUBIA

J	F	M	A	M	J	J	A	S	O	N	D
					•	•	•				

Kleine julikever

Kenmerken L 12-15 mm. ***Lijkt op een kleine meikever,*** halsschild metaalachtig blauw of groen glanzend.

Voorkomen Komt veel voor in ***halfopen terrein,*** vooral vaak in zanderige gebieden.

Wetenswaardigheden Mei, juni, juli – iedere maand heeft zijn eigen bladsprietkevers (zo genoemd vanwege de vorm van de voelsprieten). Ook de larven van de julikever zijn ***typische engerlingen***, die in de grond leven en aan wortels vreten. De kever zelf voedt zich met bladeren en is daarbij niet kieskeurig. Hij vindt vooral wilgen en berken erg lekker, maar werd ook wel gevonden op dennen.

TRICHIUS FASCIATUS

J	F	M	A	M	J	J	A	S	O	N	D
					•	•					

Penseelkever

Kenmerken L 9-13 mm. ***Dekvleugels 'te kort',*** zodat de punt van het achterlijf niet is bedekt, opvallend gevarieerd zwartgeel patroon, sterk behaard.

Voorkomen Vooral in ***berggebieden*** op weiden en langs de rand van bossen.

Wetenswaardigheden De kleurrijke kever bezoekt graag ***bloemen,*** het liefst bloeiwijzen met een gemakkelijk toegankelijk aanbod aan pollen en nectar, zoals schermbloemigen, rozen, bramen en margrieten. Hij is vrij traag. De larven leven in vermolmd hout van loofbomen. Ze lijken op kleine engerlingen – de penseelkever behoort, evenals de meikever, tot de familie bladsprietkevers.

JUNIKEVER

KLEINE JULIKEVER

PENSEELKEVER

ORYCTES NASICORNIS J F M A M J J A S O N D (M J J A)

Neushoornkever

Kenmerken L 20-40 mm. Mannetje lange gebogen hoorn, vrouwtje kleine stompe ***hoorn.***

Voorkomen ***Houdt van warmte,*** in loofbossen, maar ook in parken en tuinen. Vrij zeldzaam.

Wetenswaardigheden Als u in een ***composthoop*** een 12 cm lange ***engerling*** vindt, hebt u de larve van een drie- tot vijfjarige neushoornkever in de hand. Even later verpopt hij zich in een grondcapsule ter grootte van een kippenei. Verrot hout, hopen zaagsel of compost leveren zowel voedsel als de benodigde warmte voor de ontwikkeling. De kevers zelf eten waarschijnlijk niet meer. Ze worden 's nachts aangetrokken door fel licht.

LUCANUS CERVUS J F M A M J J A S O N D (M J J A)

Vliegend hert

Kenmerken L 25-75 mm. ***Grootste inheemse kever,*** mannetje met enorme kaaktangen.

Voorkomen Alleen in ***natuurlijke bossen met oude eiken.*** Vrij zeldzaam.

Wetenswaardigheden Het leven van het voornamelijk ***nachtactieve*** vliegend hert draait om de eik. Het sap dat uit de boom komt, is het enige voedsel dat de kevers kunnen oplikken met hun penseeltong. 'Bloedende' eiken zijn daarom een trefpunt van vliegende herten. Daar brengen ze de dag door en daar vinden ***gevechten tussen rivalen*** en paringen plaats. In het hout van vermolmde eiken leven ook de maximaal 10 cm lange larven die vijf tot acht jaar nodig hebben om zich te ontwikkelen.

DORCUS PARALLELIPIPEDUS J F M A M J J A S O N D (M J J A)

Klein vliegend hert

Kenmerken L 19-32 mm. Matzwart, ***grote kop*** met sterke, naar voren gerichte ***kaaktangen.***

Voorkomen In loof- of gemengde bossen, parken met oude bomen, grasland met fruitbomen, maar ook tuinen. Komt niet veel voor.

Wetenswaardigheden Het kleine vliegend hert behoort tot de familie van de vliegende herten. Zijn levensloop lijkt op die van zijn grote neef, maar hij is minder gefixeerd op eiken. Zijn ***larven*** knagen hun ronde boorgangen ook in het meer of minder vermolmde hout van andere boomsoorten, zoals lindebomen, beuken, appelbomen, wilgen, en zelfs naaldbomen, zoals de lariks. De kevers zitten meestal op de stam. Als u hem beter wilt bekijken, pak hem dan voorzichtig aan een kant vast en let op de kaaktangen – er zou bloed kunnen vloeien.

NEUSHOORNKEVER, ♂

VLIEGEND HERT, ♀ (L) EN ♂ (R)

KLEIN VLIEGEND HERT

CETONIA AURATA J F M A M J J A S O N D

● ● ● ● ● ●

Gouden tor

Kenmerken L 14-20 mm. ***Metaalgroen met dwarse vlekken.***

Voorkomen In bosranden, heggenlandschappen en tuinen.

Wetenswaardigheden Zonnig weer is vliegweer. Gouden torren vliegen snel en doelgericht. Net zoals alle kevers gebruiken ze daarvoor het vliezige achterste stel vleugels. De ***voorvleugels*** worden echter niet gespreid, maar ***blijven gesloten.*** Doel van de vlucht is meestal een ***bloem of bloemscherm:*** vlier, kornoelje, meidoorn en rozen leveren voedsel. De larven leven graag in en van composthopen. Ze onderscheiden zich van andere engerlingen doordat ze op een gladde ondergrond op hun rug wegschieten.

CLYTUS ARIETIS J F M A M J J A S O N D

● ● ● ●

Kleine wespenbok

Kenmerken L 7-14 mm. Slank, lange donkere voelsprieten, zwartgele tekening (daaraan heeft hij zijn naam te danken).

Voorkomen Komt vooral veel voor in ***loofbossen,*** maar ook in grasland met fruitbomen en tuinen.

Wetenswaardigheden Veel kevers zijn vrij traag. De wespenbok niet. Hij is zeer ***beweeglijk en tamelijk schuw.*** Hij kan heel goed lopen en is ook snel in de lucht. De larven knagen zich door het hout van verschillende loofbomen, liefst dode beukentakken. De kever zelf zit niet alleen op bloemen – graag op schermbloemigen – maar ook vaak in de zon op omgehakte stammen of ***stapels brandhout.***

AROMIA MOSCHATA J F M A M J J A S O N D

● ● ●

Muskusboktor

Kenmerken L 13-35 mm. ***Metaalachtig koper,*** bronskleurig, groen of blauwgroen, voelsprieten langer dan (mannetje) of net zo lang (vrouwtje) als het lijf.

Voorkomen Komt veel voor, vooral in rivierdalen en ***loofbossen in waterrijke gebieden met veel zachthout*** (wilgen, populieren).

Wetenswaardigheden De opvallende kevers zijn meestal te vinden in de buurt van hun kinderkamers. Als ergens veel oude knotwilgen staan, hebt u een goede kans ze te zien. De eitjes worden gelegd in de schors van ***wilgen, populieren of elzen.*** De maximaal 4 cm lange larven knagen dikke gangen door het levende hout en kunnen de boom zo ernstig beschadigen. Na twee tot drie jaar is de ontwikkeling voltooid. De kever dankt zijn naam aan de ***muskusgeur***, die wordt afgegeven door geurklieren aan de achterborst en vroeger werd gebruikt om pijptabak te parfumeren.

GOUDEN TOR

KLEINE WESPENBOK

MUSKUSBOKTOR

SAPERDA CARCHARIAS

J	F	M	A	M	J	J	A	S	O	N	D
					●	●	●				

Grote populierenboktor

Kenmerken L 20-30 mm. Krachtig gebouwd, ***bruin*** met kleine zwarte stippen, ***geringde voelsprieten*** ongeveer zo lang als het lijf.

Voorkomen In rivierdalen en ***hagen met zacht hout.***

Wetenswaardigheden Populierenboktorren leven alleen waar populieren groeien. In het populierenhout leven de larven (wilgen en trilpopulieren spelen een veel minder grote rol). Waar de snelgroeiende bomen worden gekweekt in plantages of lanen vormen, kan de kever economische schade toebrengen. Of hij aanwezig is, is te zien aan ***vraatsporen*** in bladeren: grote onregelmatige gaten met gescheurde randen. De eitjes worden aan de basis van jonge stammen in de schors gelegd. De larven komen pas het volgende voorjaar uit. Ze vreten eerst onder de schors, voordat ze het hout binnendringen, waar ze wel 25 cm lange, ovale gangen kunnen knagen. De maximaal 2 cm lange ***knaagschilfers*** worden uit de boorgaten gegooid en verraden de aantasting.

CORYMBIA RUBRA

J	F	M	A	M	J	J	A	S	O	N	D
					●	●	●	●			

Rode smalbok

Kenmerken L 10-20 mm. Vrouwtje ***fel roodbruin,*** mannetje geelbruin met zwart halsschild, zwarte voelsprieten net zo lang als het lijf.

Voorkomen Komt overal veel voor, bijzonder talrijk ***in bosranden met veel bloemen,*** maar ook in tuinen.

Wetenswaardigheden De rode smalbok is een van de meest voorkomende boktorren. Hij is goed te herkennen omdat hij meestal op bloemen zit en zich niet laat storen tijdens zijn maaltijd. Vaak zitten er meerdere kevers op ***grote schermbloemigen,*** zoals de gewone engelwortel. De larven leven in afgestorven ***naaldhout***, vooral in boomstronken van dennen en sparren. Toen telegraafpalen nog van hout waren, werd de rode smalbok (respectievelijk zijn larven) gezien als gevaarlijk insect.

RUTPELA MACULATA

J	F	M	A	M	J	J	A	S	O	N	D
					●	●	●				

Gevlekte smalbok

Kenmerken L 14-20 mm. Slank en het lijf versmallend naar achteren, ***variabele zwartgele tekening*** op de dekvleugels, poten en voelsprieten ook zwartgeel.

Voorkomen In ***loofbossen*** en weiden met veel bloemen. Komt veel voor.

Wetenswaardigheden De soort behoort tot de ***'boktorren'*** – hij bezoekt verschillende soorten bloemen die hun pollen en nectar royaal en open aanbieden. De larven ontwikkelen zich in vermolmd hout, meestal van loofbomen.

GROTE POPULIERENBOKTOR

RODE SMALBOK, ♀

GEVLEKTE SMALBOK

PYROCHROA COCCINEA

J	F	M	A	M	J	J	A	S	O	N	D
				●	●	●					

Zwartkopvuurkever

Kenmerken L 14-18 mm. Plat, ***felrood*** met zwarte poten en ***gezaagde voelsprieten***.

Voorkomen Komt veel voor in gemengde loofbossen.

Wetenswaardigheden *De larven van de zwartkopvuurkever maken jacht* op andere larven. Onder de losse schors van stronken en afgestorven stammen en takken van loofbomen zijn ze op zoek naar larven van boktorren en prachtkevers. Bij acuut voedselgebrek eten ze ook elkaar op. Na een jagend bestaan van twee tot drie jaar volgt de verpopping. De opvallende kever vindt u etend op bloemen en op vermolmd hout, waar hij plaatsen zoekt om eitjes te leggen.

LEPTINOTARSA DECEMLINEATA

J	F	M	A	M	J	J	A	S	O	N	D
			●	●	●	●	●	●	●		

Coloradokever

Kenmerken L 7-11 mm. Halfronde ***zwartgele waarschuwingskleur*** (kever met afweerafscheiding), ***larven oranje*** met zwarte vlekken.

Voorkomen Komt veel voor op ***aardappelvelden,*** maar ook in moestuinen. Sommige kevers gaan op zoek naar nieuwe habitats ook ver van de velden verwijderd.

Wetenswaardigheden Net zoals de aardappel zelf is ook de kever afkomstig uit ***Amerika.*** Hij kwam in 1877 in Midden-Europa terecht en verspreidde zich in de twintigste eeuw, ondanks bestrijding, snel, ook omdat natuurlijke vijanden grotendeels ontbreken. De kevers overwinteren in de grond en zijn actief vanaf april. Al kort daarna kunt u legsels met 20-30 eitjes vinden aan de onderkant van blaadjes van de net uitlopende aardappelplanten. Zowel de larven als de kevers ***eten aardappelloof***. Met wel 2500 eitjes per vrouwtje en twee generaties per jaar kan al snel een grote populatie ontstaan die hele akkers kaal kan vreten.

AGELASTICA ALNI

J	F	M	A	M	J	J	A	S	O	N	D
				●	●	●	●	●	●		

Elzenhaantje

Kenmerken L 6-7 mm. ***Blauwzwart glanzend,*** lange voelsprieten.

Voorkomen Als voedingsspecialist volledig aangewezen op ***elzen.***

Wetenswaardigheden Hoewel de kever zelf heel klein is – dat hij er is, ziet u al bij de eerste blik op een aangetaste els. De kever en de maximaal 12 mm lange, glanzend zwarte en groen glanzende larven vreten ***gaten in de bladeren.*** Bij ernstige aantasting blijven alleen de bladnerven staan (skeleteervraat). Toch sterven de elzen niet af. De kevers overwinteren in de onderlaag. Begin mei zitten ze in de boom en leggen eipakketjes onder de blaadjes.

ZWARTKOPVUURKEVER

COLORADOKEVER, IMAGINES EN LARVEN

ELZENHAANTJE

CHRYSOLINA HERBACEA J F M A M J J A S O N D
• • • • (M J J A)

Groene muntgoudhaan

Kenmerken L 6-10 mm. Blauwgroen of groen.

Voorkomen Gebonden aan verschillende soorten van het geslacht *Mentha* (***munt***). Komt veel voor in berggebieden op hertsmunt, die als weideonkruid grote bestanden kan vormen.

Wetenswaardigheden Een muntgoudhaan komt zelden alleen. Omdat zijn hele levenscyclus zich op de plant afspeelt, huisvesten de muntplanten vaak ***duizenden kevers.*** Warm en droog weer stimuleert de ontwikkeling van de larven, die aanvankelijk aan de bladranden vreten. Bij een ernstige aantasting heeft de plant tegen het eind van de zomer helemaal geen blaadjes meer.

CHRYSOMELA POPULI J F M A M J J A S O N D
• • • • • • (A M J J A S)

Populierenhaantje

Kenmerken L 10-12 mm. Kop en halsschild zwartblauw, ***dekvleugels opvallend rood.***

Voorkomen Komt veel voor in loofbossen, parken en lanen.

Wetenswaardigheden Net zoals veel bladhaantjes is ook deze soort zeer gespecialiseerd. Hij vreet op populieren – ***het liefst trilpopulieren*** – en af en toe ook op wilgen. Net zoals het nauw verwante elzenhaantje (bladzijde 56) overwintert hij in de grond. Hij klimt in het voorjaar de boom in, paart en legt eitjes. De lichtgroene, zwart gevlekte larven knagen onvermoeibaar aan de blaadjes. Drie weken later hangen de poppen al aan de blaadjes, tien dagen later valt de tweede generatie al aan op de blaadjes en in warme jaren kan zich zelfs een derde generatie ontwikkelen. Zoveel kevers trekken natuurlijk enorm veel vijanden aan. Het populierenhaantje verzet zich met een sterk naar fenol geurende ***afscheiding***, die hij maakt van salicylzuur uit de blaadjes.

CASSIDA VIRIDIS J F M A M J J A S O N D
• • • • • • (M J J A S O)

(Munt)schildpadtor

Kenmerken L 7-10 mm. Groen, hele lijf ***bedekt met een plat schild,*** waar de poten en voelsprieten bij gevaar onder verdwijnen.

Voorkomen In open terrein, vooral ***op weiden,*** maar ook in tuinen. Komt veel voor.

Wetenswaardigheden Schildpadtorren zitten meestal in de kruidenlaag op hun voedselplanten. Ze zijn minder kieskeurig dan andere bladhaantjes, maar hebben toch een duidelijke ***voorkeur voor lipbloemigen.*** De stekelige larve maakt een camouflerende korst van met uitwerpselen ingesmeerde vervellingresten, die hij op twee lange stekels aan zijn achterste spiest.

GROENE MUNTGOUDHAAN

POPULIERENHAANTJE

POPULIERENHAANTJE, VERPOPPING

(MUNT)SCHILDPADTOR

IPS TYPOGRAPHUS J F M A M J J A S O N D

Letterzetter (of boekdrukkever)

Kenmerken L 4-5 mm. Cilindervormig, ***ronde achterkant.***

Voorkomen In bossen met ***sparren.*** Komt veel voor.

Wetenswaardigheden Het beruchte schadelijke insect zelf hebt u waarschijnlijk nog nooit gezien, maar zijn ***vraatsporen*** kent u zeker. Ze liggen vlak onder de schors en bestaan uit een moedergang, vanwaaruit rechts en links de vreetgangen van de larven lopen. Als de schors van de boom loskomt, wordt het ragfijne patroon zichtbaar.

LIPARUS GLABRIROSTRIS J F M A M J J A S O N D

Hoefbladsnuitkever

Kenmerken L 14-21 mm. Lange smalle snuit, ***zwart met geelgrijze haarvlekken.*** Kan niet vliegen.

Voorkomen In ***vochtige beekgebieden*** met veel groot hoefblad.

Wetenswaardigheden De grootste inheemse snuitkever is gebonden aan ***groot hoefblad.*** De vrouwtjes prikken in de wortelstok (rhizoom) daarvan en leggen daar 1 eitje in, de larven zitten er goed beschut.

DEPORAUS BETULAE J F M A M J J A S O N D

Berkenbladrolkever (of berkensigarenmaker)

Kenmerken L 3-5 mm. Zwart glanzend, ***roltong kort.***

Voorkomen In bossen, bosranden en struikgewas met ***berken.***

Wetenswaardigheden Opvallender dan de kleine kevertjes zijn de kinderkamers: het vrouwtje snijdt het onderste deel van een berkenblad zo af, dat het alleen nog via de middennerf is verbonden met het bovenste deel. Dan maakt ze daarvan een ***stevig gevouwen zakje*** ('bladrol'), waarin ze een paar eitjes legt.

CURCULIO NUCUM J F M A M J J A S O N D

Hazelnootboorder

Kenmerken L 6-8 mm. Zwart, bruin en wit geschubd, ***snuit erg lang en dun.***

Voorkomen Overal waar ***hazelnoten*** groeien.

Wetenswaardigheden Het vrouwtje knaagt aan jonge hazelnoten en verstopt daar 1 eitje in. Het gat groeit dicht, de keverlarve ontwikkelt zich goed beschermd. De lege noot valt voor de andere van de boom. Een ***rond gaatje*** verraadt dat hij werd verlaten door zijn bewoner. Deze graaft zich de grond in, overwintert daar en verpopt zich in het voorjaar.

LETTERZETTER, VRAATSPOREN

LETTERZETTER

HOEFBLADSNUITKEVER

BERKENBLADROLKEVER

HAZELNOOTBOORDER

ATHALIA ROSAE — J F M A M J J A S O N D (● M J J A S O)

Knollenbladwesp

Kenmerken L 6-8 mm. ***Oranjebruin met zwarte kop*** en zwarte vlekken op het borststuk.

Voorkomen Komt vooral in open landschappen overal veel voor, maar ook op bospaden.

Wetenswaardigheden Tot de bladwespen behoren ongeveer 600 inheemse soorten. Anders dan de 'echte' wespen hebben deze geen wespentaille. Vele hebben ***rupsachtig uitziende larven*** die sociaal leven en door bladvraat schadelijk zijn. Die van de knollenbladwesp vreten ***aan kruisbloemigen***, waar veel wilde planten toe behoren, maar ook koolzaad, mosterdplant, raapzaad en koolraap (maar niet de andere rapen). Een legsel bevat ongeveer 300 eitjes; de larven vreten per dag het dubbele van hun lichaamsgewicht.

UROCERUS GIGAS — J F M A M J J A S O N D (● J J A S)

Reuzenhoutwesp

Kenmerken L mannetje max. 30 mm, met rood achterlijf, L vrouwtje max. 40 mm vanwege de lange legboor, met overwegend geel achterlijf. ***Grootste inheemse houtwesp.***

Voorkomen In ***naaldbossen,*** vooral op net omgevallen stammen en boomstronken.

Wetenswaardigheden Ondanks zijn angstwekkende uiterlijk is de soort ***volledig onschuldig.*** Het vrouwtje gebruikt de lange stekel om de eitjes 1 cm diep in het hout te leggen. De ***larven*** vreten zich later dieper in het hout. Hun ongeveer 40 cm lange gang is stevig gevuld met samengeperste knaagresten, de stabiliteit van het hout wordt niet ernstig aangetast. Twee tot drie jaar later – vaak is het hout dan al verwerkt en gebruikt als bouwmateriaal – knagen de houtwespen zich een weg naar buiten en laten gaatjes achter van 1 cm doorsnede.

RHYSSA PERSUASORIA — J F M A M J J A S O N D (● J A S)

Houtsluipwesp

Kenmerken L 18-35 mm. ***Zeer slank, zwart met witte vlekken,*** vrouwtje met legboor zo lang als het lijf.

Voorkomen In ***naaldbossen,*** vaak op gevallen stammen.

Wetenswaardigheden Zijn uitstekende reukzin verraadt de grote sluipwesp waar larven van houtwespen (boven), boktorren (bladzijde 52 e.v.) of prachtkevers in het hout zitten. Dan boort zij een erg dunne, tot dan toe in een beschermend omhulsel opgeborgen ***legboor*** tot 3 cm diep in het hout, geeft de larven een verlammende steek, legt 1 eitje en trekt de boor weer uit het hout. Op die manier is haar eigen larve perfect beschermd en goed voorzien van voedsel.

KNOLLENBLADWESP

REUZENHOUTWESP, ♀

HOUTSLUIPWESP, ♀

CYNIPS QUERCUSFOLII

J	F	M	A	M	J	J	A	S	O	N	D
•	•	•	•	•	•	•				•	•

Eikengalwesp (of galappelwesp)

Kenmerken L 3-4 mm. Bruin met lange voelsprieten en vleugels.

Voorkomen Komt veel voor in de ***omgeving van eiken.***

Wetenswaardigheden Het uiterst kleine insect valt niet op, de ronde ***galappel met een doorsnede van ongeveer 2 cm*** wel. Ze worden gevormd door de boom, nadat de galwesp aan de onderkant van het blad een eitje in het weefsel heeft gelegd. Iedere galappel bevat een 'kinderkamer'; de larve vreet zich hier vol en verpopt zich daar ook. In de winter – de gal ligt intussen op de grond – komt het imago uit en knaagt zich een weg naar buiten. Deze generatie is overigens geheel vrouwelijk. Zij legt eitjes in bladknoppen van eiken, waaraan kleine gallen ontstaan. Daaruit komen aan het eind van het voorjaar mannetjes en vrouwtjes.

CHRYSIS IGNITA

J	F	M	A	M	J	J	A	S	O	N	D
				•	•	•	•	•			

(Vuur)goudwesp

Kenmerken L 6-13 mm; kop en borst blauw of groen, achterlijf rood, sterk gesculpteerd en ***opvallend metaalachtig glanzend.***

Voorkomen In droge, ***zonnig-warme habitats***, maar ook bij woningen niet zeldzaam.

Wetenswaardigheden Goudwespen ***parasiteren bij andere vliesvleugeligen,*** die nesten bouwen en voedsel voor hun larven verzamelen. Deze moeten ze echter eerst vinden. Ze vertonen daarom vaak een uitgesproken zoekgedrag, zijn zeer beweeglijk en zelfs nog in de volle zon bezig. Als de onvrijwillige 'gastouders' zich verzetten, rolt de sterk bepantserde goudwesp zich op als een bolletje. Als hij succes heeft, vreet zijn larve die van de gastheer op samen met de voedselvoorraad.

VESPA CRABRO

J	F	M	A	M	J	J	A	S	O	N	D
			•	•	•	•	•	•	•		

Hoornaar

Kenmerken L 18-25 mm, koningin max. 35 mm. ***Grootste plooiwesp*** (vleugels in de lengte opgevouwen), bruin en geel gekleurd.

Voorkomen In lichte bossen en open terrein, maar ook in tuinen. Niet zeldzaam.

Wetenswaardigheden In het voorjaar komen de koninginnen uit hun winterverblijven en zoeken gunstige nestplaatsen. Hoornaren bouwen ***lichtbruine papiernesten*** van gekauwd en met speeksel vermengd hout. Het nest is eerst klein en wordt door de koningin persoonlijk verzorgd. Tot de herfst kan het volk aangroeien tot 700 exemplaren. In tegenstelling tot alle geruchten injecteren hoornaren bij een steek nauwelijks meer gif dan andere wespen. Bovendien zijn ze ***weinig agressief.*** De insectenjagers zijn ook niet zo gericht op zoetigheid en worden vrijwel nooit lastig.

GALAPPELS

EIKENGALWESP

VUURGOUDWESP

HOORNAAR

VESPULA GERMANICA J F M A M J J A S O N D
● ● ● ● ● ● ● (A–O)

Duitse wesp

Kenmerken L 12-20 mm. Opvallend ***zwartgeel*** gekleurd, lange zwarte voelsprieten.

Voorkomen Overal verspreid, zeer ***veel voorkomende plooiwesp.***

Wetenswaardigheden Als u ongewenst bezoek hebt aan de koffietafel, dan is het vrijwel altijd deze soort of de erg gelijkende gewone wesp. Hij dekt zijn hoge energiebehoefte met nectar, door bladluizen geproduceerde honingdauw en zelfs suiker. Als u een stuk ham naast de taart zet, kunt u zien hoe de wespen met hun scherpe kaken kleine stukjes afsnijden en daarmee wegvliegen – de larven krijgen eiwitrijke vleesvoeding. Hun nesten liggen goed verborgen ***in holle ruimten*** en zijn ongeveer een halfjaar in gebruik; zelfs de grootste, die in de herfst meer dan 10.000 dieren herbergen, zijn na de eerste vorst verlaten. Alleen de in de zomer uitgekomen koninginnen overwinteren op goed beschermde plaatsen.

VESPULA RUFA J F M A M J J A S O N D
● ● ● ● ● ● (A–S)

Rode wesp

Kenmerken L 10-20 mm. Geelzwarte plooiwesp, achterlijf aan de basis meer of minder uitgerekt en ***rood gekleurd.***

Voorkomen In open en vochtige habitats, op bospaden, maar bijna nooit bij woningen.

Wetenswaardigheden De volken hebben meestal slechts 150 tot 350 leden en de nesten zijn dus niet zo groot. Ze hebben een doorsnede van maximaal 20 cm en worden onder de grond gebouwd, vaak in verlaten muizenholen. De wespen zijn, behalve in de buurt van de ingang van het nest, vreedzaam en vooral te zien op ***schermbloemigen.***

DOLICHOVESPULA SAXONICA J F M A M J J A S O N D
● ● ● ● ● (M–S)

Saksische wesp

Kenmerken L 11-18 mm. Lijkt heel erg op de gewone wesp.

Voorkomen Komt veel voor in open terrein, maar ook in tuinen en woningen.

Wetenswaardigheden De typische, goed zichtbare, ***loshangende lichtgrijze wespennesten*** aan plafonds of in tuinhuisjes zijn van deze soort. Hij is niet agressief of lastig, maar heeft toch een slechte naam die berust op ervaringen met de gewone wesp: hun nesten worden meestal direct kapotgemaakt. Als u de maximaal 25 cm grote nesten met gewoonlijk 100 tot 300 werksters duldt, hebt u tijdens de zomer ***actieve assistenten bij de biologische bestrijding van schadelijke insecten.***

DUITSE WESP

RODE WESP

SAKSISCHE WESP, NEST

SAKSISCHE WESP

POLISTES DOMINULUS — J F M A M J J A S O N D (A, M, J, J, A, S)

Franse veldwesp

Kenmerken L 12-18 mm. ***Zeer slanke plooiwesp*** met (ook in de vlucht opvallende) lange, oranjekleurige poten.

Voorkomen In ***warm, open terrein,*** maar ook in tuinen. Breidt zich steeds verder naar het noorden uit.

Wetenswaardigheden Als u een vijver in de tuin hebt, is deze wesp u vast wel eens opgevallen. Bij heet weer wordt er druk gevlogen. De wespen halen water om hun nest te koelen, want dit heeft ***geen beschermend omhulsel.*** De meestal ongeveer 50 zeshoekige raten met de larven of poppen zijn open. Om ze te beschermen tegen oververhitting, worden ze natgemaakt met water. Daarna gaan de wespen er 'met lopende motor' op zitten en zorgen zo voor luchtkoeling. Als het koud wordt, verwarmen ze het nest met spiertrillingen.

SYMMORPHUS BIFASCIATUS — J F M A M J J A S O N D (M, J, J, A, S)

Deukmetselwesp

Kenmerken L 7-11 mm. Overwegend zwarte plooiwesp met smalle, gele banden op het achterlijf.

Voorkomen Komt veel voor, ook in de buurt van ***woningen.***

Wetenswaardigheden De moeders van deukmetselwespen zorgen alleen voor hun nakomelingen. Daartoe zoeken ze eerst holle plantenstengels, boorgaten van keverlarven in hout of andere ***gaten met een doorsnede van ongeveer 4 mm.*** Dan gaan ze op jacht. Als proviand voor de larven dragen de vrouwtjes larven van bladkevers aan. Nadat de eitjes zijn gelegd, wordt de gang zorgvuldig afgesloten met leem. ***Nesthulp*** wordt graag geaccepteerd. Als u in uw tuin een 'hotel voor wilde bijen' (bladzijde 72) drijft, bent u de kleine deukmetselwesp vast wel eens tegengekomen.

ODYNERUS SPINIPES — J F M A M J J A S O N D (M, J, J)

Gewone schoorsteenwesp

Kenmerken L 10-13 mm. Slanke, zwartgele plooiwesp.

Voorkomen Nestelt in ***muren van leem en löss,*** bijna nooit op vlakke grond. Komt niet zoveel meer voor vanwege gebrek aan nestplaatsen.

Wetenswaardigheden Schoorsteenwespen graven in lemige of zanderige grond 6-8 cm diepe gangen. Harde ondergrond wordt eerst zachter gemaakt met water. De uitgegraven grond wordt tot ***kleine kromme schoorsteentjes*** gevormd. In de grond worden maximaal 7 cellen gemaakt, elk voorzien van 1 eitje en 10-30 larven van speciale snuitkevers. De wesp is ongeveer twee weken bezig met het bouwen en jagen. Daarna gebruikt ze leem van de schoorsteen om de kinderkamer af te sluiten.

FRANSE VELDWESPEN BIJ HET NEST

DEUKMETSELWESP

SCHOORSTEENWESP

AMMOPHILA SABULOSA

J	F	M	A	M	J	J	A	S	O	N	D
				●	●	●	●	●	●		

Grote rupsendoder

Kenmerken L 14-24 mm. Slank, ***lang gesteeld achterlijf.***

Voorkomen In open habitats met ***zanderige ondergrond,*** maar ook in de buurt van woningen.

Wetenswaardigheden Zwaar beladen met de rups van een uil (vlinder), die vaak groter is dan zijzelf loopt de rupsendoder in de richting van het nest. Zij houdt de ***door een steek verlamde prooi*** vast met de kaken en transporteert hem tussen haar lange poten. Eén of twee grote rupsen zijn voldoende om de nakomelingen van voedsel te voorzien. Als de prooi in de maximaal 20 cm diep liggende nestkamer is opgeborgen, wordt er 1 eitje gelegd waarna het geheel zorgvuldig wordt afgesloten.

CERCERIS ARENARIA

J	F	M	A	M	J	J	A	S	O	N	D
				●	●	●	●	●			

Grote snuittordoder (of knoopwesp)

Kenmerken L 8-15 mm. Zwartgeel getekend met ***regelmatige gele randen op het achterlijf,*** eerste segment van het achterlijf knoestig, poten geel.

Voorkomen Komt veel voor in ***droge, zonnige habitats*** met stevige zandbodem en in bermen.

Wetenswaardigheden De tot de graafwespen behorende soort nestelt vaak in groepen. De zanderige bodem is dan bezaaid met kleine heuveltjes waaronder de bouwsels van de wespen zitten, een loodrechte, maximaal 20 cm diepe hoofdgang, vanwaaruit korte zijgangen naar de broedcellen leiden. Als voedsel voor het broedsel worden de larven van snuitkevers verlamd en vliegend naar het nest gebracht, per broedcel maximaal 12. Er ontstaan regelmatig 'vijandige overnamen' van de nesten door soortgenoten.

ANDRENA HAEMORRHOA

J	F	M	A	M	J	J	A	S	O	N	D
			●	●	●						

Roodgatje

Kenmerken L 8-12 mm. Kleine bij met ***rood behaarde borst*** en zwart glanzend achterlijf.

Voorkomen ***Komt veel voor in open landschappen,*** vestigt zich in verschillende habitats, maar ook in tuinen.

Wetenswaardigheden Veel bijensoorten zijn uitermate gespecialiseerd, deze niet. Hij verzamelt pollen op allerlei bloemen, ook op fruitbomen. Hij graaft zijn nest op een open oppervlak in zanderige of kleiachtige grond. Een loodrechte gang mondt uit in verschillende broedcellen. Anders dan graafwespen slaan bijen een mengsel van pollen en nectar in om hun nakomelingen te voeden.

GROTE RUPSENDODER

GROTE SNUITTORDODER

ROODGATJE

MEGACHILE WILLUGHBIELLA

J	F	M	A	M	J	J	A	S	O	N	D
					•	•	•	•			

Grote bladsnijder

Kenmerken L 12-16 mm. Borst geel behaard, achterlijf met smalle haarrandjes, vrouwtje met oranjerode ***'verzamelborstels' op de onderkant*** van het achterlijf.

Voorkomen In open gebieden, bosranden, parken en tuinen.

Wetenswaardigheden De grote bij knaagt eerst een gang in vermolmd hout (soms ook in de verdichte grond in een bloempot). Dan snijdt hij ***grote ronde stukken uit verse blaadjes,*** om daarmee de nestgang te bekleden. Ten slotte worden er pollen naar binnen gedragen die de bij bij allerlei plantensoorten haalt. Hij heeft echter het liefst vlinderbloemigen, klokjes en wilgenroosjes. Het stuifmeel wordt vervoerd met de verzamelborstels op de buik. Nadat de eitjes zijn gelegd, wordt het nest afgesloten met stukjes blad en knaagresten, een jaar later verschijnt dan de volgende generatie.

ANTHIDIUM MANICATUM

J	F	M	A	M	J	J	A	S	O	N	D
					•	•	•	•			

Grote wolbij

Kenmerken L 11-18 mm. ***Wespachtig zwartgeel.***

Voorkomen In zonnige habitats. ***Komt heel veel voor in tuinen.***

Wetenswaardigheden Wolbijen danken hun naam aan hun nestmateriaal: ze schaven ***plantenvezels*** van bijvoorbeeld bladeren van de ezelsoor en bouwen daarmee een aantal broedcellen in holle ruimten, zoals spleten in rotsen en gaten in de grond. De wolharen worden geïmpregneerd met plantaardige klierafscheiding, die vermoedelijk water tegenhoudt en aantasting door bacteriën voorkomt. De veel grotere mannetjes (maximaal 18 mm) verdedigen een ***territorium*** rond bestanden met lipbloemigen en leeuwenbekachtigen die het vrouwtje (maximaal 12 mm) graag bezoekt en vallen daarbij op door hun snelle, op zweefvliegen lijkende vlucht.

OSMIA BICORNIS

J	F	M	A	M	J	J	A	S	O	N	D
		•	•	•	•						

Rosse of rode metselbij

Kenmerken L 8-13 mm. Achterlijf ***oranjebruin behaard.***

Voorkomen ***Komt overal veel voor*** in open gebieden.

Wetenswaardigheden Metselbijen behoren tot de eerste ***lentebodes.*** Als u in de tuin of op het balkon nesthulp aanbiedt – ***stukjes hardhout met boorgaten van 6-7 mm*** – kunt u ze bekijken bij het uitkomen, het schoonmaken van de broedgangen, de paring, het binnenbrengen van pollen en nectar en ten slotte, na het leggen van de eitjes, bij het afsluiten van de gangen met vochtige klei. Wees niet bang: de diertjes kunnen weliswaar steken, maar alleen in uiterste nood.

GROTE BLADSNIJDER

GROTE WOLBIJ

METSELBIJ, NESTHULP

ROSSE METSELBIJ, ♂

ANTHOPHORA PLUMIPES

J	F	M	A	M	J	J	A	S	O	N	D
		•	•	•	•						

Gewone sachembij

Kenmerken L 14-16 mm. ***Lijkt op een hommel,*** mannetje geelbruin, vrouwtje bruin of zwart behaard.

Voorkomen In zonnige open gebieden in de buurt van geschikte broedplaatsen. ***Komt ook veel voor in tuinen.***

Wetenswaardigheden Vanwege de ***pijlsnelle vliegstijl*** niet gemakkelijk te bekijken, hoewel de mannetjes wekenlang dezelfde vliegroute volgen door de tuin en daarbij regelmatig dezelfde bloemen bezoeken (liefst longkruid, primula's, lipbloemen). De nesten worden gegraven in kleiranden van holle wegen, randen van velden en oude woningen, soms ook in de grond en bevatten 2-3 met pollen en nectar als larvenvoedsel gevulde broedcellen.

XYLOCOPA VIOLACEA

J	F	M	A	M	J	J	A	S	O	N	D
	•	•	•	•	•	•	•	•			

Blauwzwarte houtbij

Kenmerken L 20-28 mm. Zwart, ***blauw glinsterende vleugels.***

Voorkomen In warme, open gebieden: bosranden, grasland met fruitbomen en in tuinen. Zeldzaam.

Wetenswaardigheden Dit indrukwekkende insect dat houdt van warmte, profiteert van de verandering van het klimaat en ***neemt in Midden-Europa in aantal duidelijk toe.*** De bijen overwinteren als imago en zijn daarom al vroeg in het voorjaar bezig. Na de paring knaagt het vrouwtje 11 mm dikke, vaak vertakte gangen in half vergaan, maar nog hard ***dood hout***. In de gangen maakt ze verschillende broedcellen, die met tussenwandjes van met speeksel aan elkaar geplakte houtschilfers van elkaar worden gescheiden en vult ze met pollen en nectar, liefst van vlinder- of lipbloemigen.

APIS MELLIFERA

J	F	M	A	M	J	J	A	S	O	N	D
•	•	•	•	•	•	•	•	•	•	•	•

Honingbij

Kenmerken L 11-14 mm, koningin max. 20 mm. Bruin, achterlijf aan de voorkant rood.

Voorkomen In bijenkorven gehouden ***huisdier;*** af en toe in het wild levende volken in holle bomen of oude woningen.

Wetenswaardigheden In West-Europa leven meer dan 550 bijensoorten – toch denkt iedereen aan deze soort als er sprake is van bijen. De volken, die wel 80.000 werksters kunnen bevatten, zijn perfect georganiseerd, van de broedzorg tot het verzamelen van pollen en nectar en het ***opslaan van honing*** in wasraten voor slechte tijden. Als er goede voedselbronnen worden ontdekt, vertellen de bijen dat aan hun soortgenoten in de donkere korf met een 'dans', die de richting en afstand aangeeft.

GEWONE SACHEMBIJ

BLAUWZWARTE HOUTBIJ

HONINGBIJ, WERKSTER

BOMBUS PASCUORUM J F M A M J J A S O N D

● ● ● ● ● ● ● ● (M–O)

Akkerhommel

Kenmerken L 9-15 mm, koningin max. 18 mm. ***Borst oranjebruin,*** achterlijf vooraan grijs, aan de punt rood behaard.

Voorkomen Komt overal veel voor, behalve in dichte bossen.

Wetenswaardigheden In het voorjaar komen de koninginnen uit hun winterverblijf en stichten volken die in de zomer aangroeien tot 60 of 150 leden en tot in de herfst blijven bestaan. Het 15-20 cm grote nest ligt ***onder de grond in muizengangen*** of wordt gebouwd van mos in de ***dichte kruidenlaag.*** Ook speciale hommelnestkasten worden gebruikt. De eerste jonge hommels worden door de koningin persoonlijk opgevoed. Als ze na drie tot vier weken uitkomen, nemen zij de broedzorg voor hun jongere zusjes over.

BOMBUS PRATORUM J F M A M J J A S O N D

● ● ● ● ● (M–J)

Weidehommel

Kenmerken L 9-14 mm, koningin max. 17 mm. Zwart behaard, meestal gele randen voor op de borst en het achterlijf en oranjebruine punt aan het achterlijf.

Voorkomen Komt veel voor in open gebieden, maar ook in tuinen.

Wetenswaardigheden De koninginnen ***behoren tot de eerste insecten*** die in het voorjaar bezig zijn. Nesten worden al vanaf midden mei gebouwd, meestal bovengronds in muren en bosjes gras. Het 'basisnest' bestaat uit een kleine holle mosbol, waarin de koningin kleine wasraatjes maakt die ze vult met pollen. Dan legt ze daarin een paar eitjes en sluit ze af. De hommel zit op het eibakje en kan het door spiertrillingen verwarmen – dat versnelt het ontwikkelen van de larven. Later kan de koningin thuisblijven en de 'buitendienst' overlaten aan de jonge werksters.

BOMBUS TERRESTRIS J F M A M J J A S O N D

● ● ● ● ● ● ● ● ● (M–N)

Aardhommel

Kenmerken L 11-17 mm, koningin max. 23 mm. Borst geelzwart, ***achterlijf zwart-geel-wit behaard.***

Voorkomen Komt overal veel voor, behalve in dichte bossen.

Wetenswaardigheden Langzaam vliegend zoeken de koninginnen in het voorjaar systematisch naar geschikte broedplaatsen in ondergrondse holle ruimten – muizennesten, mollengangen, gaten in muren, ook hommelnestkasten. Ze moeten groot genoeg zijn om een ***tot 600 dieren aangroeiend hommelvolk*** te kunnen huisvesten. De aardhommel heeft een tamelijk korte roltong, ***bloemen worden daarom vaak aan de zijkant opengeknaagd*** om bij de nectar te kunnen komen.

AKKERHOMMEL

WEIDEHOMMEL

AARDHOMMEL

ADELA REAUMURELLA

J	F	M	A	M	J	J	A	S	O	N	D
			•	•	•						

Smaragdlangsprietmot

Kenmerken S 14-18 mm. Voorvleugels ***metalig groen glanzend,*** mannetje met erg lange voelsprieten.

Voorkomen Komt vooral veel voor langs de rand van loofbossen.

Wetenswaardigheden Smaragdlangsprietmotten vallen vooral op als de mannetjes voortdurend in groepen voor zonnige bosranden ***'dansen'*** en tussendoor regelmatig uitrusten op bladeren. Als er een vrouwtje verschijnt, wordt het snel door een mannetje gegrepen. De paring vindt al in de lucht plaats terwijl ze samen naar beneden zakken. De kleine rupsen graven eerst gangen in blaadjes en maken dan van verlepte blaadjes een met spinzijde bij elkaar gehouden zakje, waarmee ze rondscharrelen in de ondergrond en ook overwinteren.

YPONOMEUTA EVONYMELLA

J	F	M	A	M	J	J	A	S	O	N	D
						•	•				

Vogelkersstippelmot

Kenmerken S 22-26 mm. ***Wit met zwarte stippen.***

Voorkomen Komt veel voor, in bossen, struikgewas en hagen.

Wetenswaardigheden Veel spectaculairder dan de vlinder zijn de rupsen. Ze leven met duizenden samen in een ***enorm spinsel***, dat de geliefde voedselboom, de vogelkers, volledig kan bedekken en waardoor hij midden in het voorjaar een volledig bladloze 'spookboom' kan worden. Sommige rupsen herstellen voortdurend beschadigingen in het beschermende spinsel en verpoppen zich niet. De andere hangen even later in hele pakketten van witte cocons in het spinsel. Na twee weken komen de vlinders uit. Terwijl de boom al snel weer blaadjes krijgt en meestal geen grote schade oploopt, legt de vlinder eitjes op zijn takken.

PLODIA INTERPUNCTELLA

J	F	M	A	M	J	J	A	S	O	N	D
•	•	•	•	•	•	•	•	•	•	•	•

Indische meelmot

Kenmerken S 13-20 mm. Vleugels aan de voorkant grijs, achterkant koperrood met smalle dwarse strepen.

Voorkomen Wereldwijd verspreid. ***Schadelijk voor voorraden.***

Wetenswaardigheden Als u de vlinder in de keuken of proviandkamer ontdekt, is de schade aan granen, meel, noten, chocolade, rozijnen, gedroogd fruit of thee al ontstaan. De maximaal 17 mm lange rupsen, die behalve het bruine kopkapje wit zijn, leven in zelfgesponnen buisjes die zijn bekleed met balletjes uitwerpselen. Bij ernstige aantasting wordt het levensmiddel bedekt met een ***taai spinsel.*** De poppen kunt u ingesponnen vinden in kiertjes, vaak ver verwijderd van de leefplaats van de larven.

SMARAGDLANGSPRIETMOT, ♂

VOGELKERSSTIPPELMOT, SPINSEL

VOGELKERSSTIPPELMOT

INDISCHE MEELMOT, RUPS

INDISCHE MEELMOT

COSSUS COSSUS J F M A M J J A S O N D

● ● ● ●

Wilgenhoutvlinder

Kenmerken S 65-80 mm. ***Lichtgrijze schutkleur*** met onregelmatige, dunne, donkere dwarse strepen.

Voorkomen Vooral in ***loofbossen in waterrijke gebieden,*** maar ook in parken.

Wetenswaardigheden De vingerdikke, maximaal 10 cm lange, rood gekleurde ***larven*** van de wilgenhoutvlinder vreten met hun erg krachtige kaken ovale tunnels van 2 cm breedte in het hout. Behalve wilgen worden ook andere (liefst al verzwakte of afgestorven) loofbomen zoals berken, elzen en soms fruitbomen gebruikt. De vrouwtjes gaan graag op al aangetaste bomen af en leggen kleine eipakketjes in barsten in de schors. De rupsfase duurt twee tot vier jaar.

PENNISETIA HYLAEIFORMIS J F M A M J J A S O N D

● ● ●

Frambozenglasvlinder

Kenmerken S 20-25 mm. ***Vleugels doorzichtig,*** zwartgele kleur, lang behaard uiteinde van het achterlijf.

Voorkomen Daar waar ***frambozen*** groeien: op bospaden, op open plekken en in tuinen.

Wetenswaardigheden Als u voor het eerst een glasvlinder ziet, zult u hem waarschijnlijk niet herkennen als vlinder, maar eerder denken aan een wesp – een geval van ***mimicry***, een tegen vijanden beschermende 'vermomming' van een onschuldig insect. De larven vreten en verpoppen zich in de wortelstokken en spruiten van frambozen.

OPEROPHTERA BRUMATA J F M A M J J A S O N D

● ● ●

Kleine wintervlinder

Kenmerken S 22-28 mm. Grijsgeel tot lichtbruin met fletse dwarse strepen, vrouwtje met heel kleine vleugelstompjes.

Voorkomen In bossen, struiken op velden, hagen, grasland met fruitbomen, boomgaarden en tuinen.

Wetenswaardigheden De tot de vlinderfamilie van de spanners behorende nachtvlinders komen meestal pas ***na de eerste vorst*** uit. Ze eten niet en leven slechts een paar dagen, waarin ze zich voornamelijk bezighouden met de voortplanting. Voor de paring klimmen de ***vrouwtjes, die niet kunnen vliegen,*** in de waardboom, waarbij ze niet erg kieskeurig zijn: meer dan 50 soorten loofbomen en -struiken komen in aanmerking. Schadelijk kunnen ze vooral worden in boomgaarden, waar de in het voorjaar uitkomende rupsen aan de bladeren vreten. Lijmringen rond de stammen kunnen een aantasting niet helemaal voorkomen, omdat net uitgekomen larven zich aan lange spindraden door de wind laten wegdragen.

WILGENHOUTVLINDER

FRAMBOZENGLASVLINDER

KLEINE WINTERVLINDER, ♀

KLEINE WINTERVLINDER, ♂

AUTOGRAPHA GAMMA	J	F	M	A	M	J	J	A	S	O	N	D
			•	•	•	•	•	•	•	•	•	

Gamma-uil

Kenmerken S 35-40 mm. Grijze of bruine schutkleur, wit ***gamma- of Y-teken*** op de voorvleugels.

Voorkomen Komt overal op open terrein veel voor.

Wetenswaardigheden In tegenstelling tot veel andere uilvlinders is de gamma-uil ook ***overdag actief.*** Hij valt vooral laat in de zomer en vroeg in de herfst op. De groene rupsen leven op heel verschillende kruidachtige plantensoorten; op klavervelden kunnen ze schadelijk worden. Gamma-uilen zijn ***zwerfvlinders***. Hoe vaak ze in Midden-Europa zijn, hangt heel erg af van de jaarlijkse immigratie vanuit het zuiden. In de herfst vliegen veel gamma-uilen weer naar het zuiden. Hoeveel rupsen het lukt om in Midden-Europa te overwinteren, is niet duidelijk.

NOCTUA PRONUBA	J	F	M	A	M	J	J	A	S	O	N	D
						•	•	•	•	•		

Huismoeder

Kenmerken S 45-65 mm. Voorvleugels smal en gevarieerd roodbruin tot grijs, meestal met een lichte en een niervormige vlek, ***achtervleugels geeloranje met donkere band.***

Voorkomen Komt veel voor in zowel bossen als in open gebieden en in de buurt van woningen.

Wetenswaardigheden De nachtactieve uilvlinders worden aangetrokken door het licht en belanden daarom vaak in woningen. Als u ze lastigvalt, laten ze schoksgewijs hun kleurrijke achtervleugels opflitsen en hopen zo op een ***afschrikwekkend*** effect.

THAUMATOPOEA PROCESSIONEA	J	F	M	A	M	J	J	A	S	O	N	D
							•	•	•			

Eikenprocessierups/vlinder

Kenmerken S 25-35 mm. Grijs gewolkte schutkleur.

Voorkomen In warme gebieden met eikenbossen en parken. Vroeger zeldzaam, maar door verandering van klimaat ***nu in opmars.***

Wetenswaardigheden De vlinder is onopvallend, maar de rupsen zijn dat niet: ze vormen tussen april en midden juli topzware kolonies die overdag in ***spinselzakken op eikenstammen*** rusten en 's avonds vertrekken in lange processies om de hele nacht blaadjes te vreten. De rupsen zijn vooral problematisch vanwege hun $1/3$ mm lange ***gifhaartjes*** die ze afschieten als ze worden bedreigd en die huidreacties kunnen veroorzaken, variërend van lichte irritatie tot zware allergische reacties (rupsendermatitis). Afgeschoten of bij een van de vervellingen gestripte gifhaartjes worden gemakkelijk meegenomen door de wind en zijn lang houdbaar. Het irriterend effect van de kolonies is op verre afstand en langdurig merkbaar. In woongebieden worden ze daarom systematisch bestreden.

GAMMA-UIL

HUISMOEDER

EIKENPROCESSIERUPS

ACHERONTIA ATROPOS J F M A M J J A S O N D
● ● ● ● ● ● (M J J A S O)

Doodshoofdvlinder

Kenmerken L max. 60 mm, S 80-120 mm. Zeer groot met imposant lijf. ***Doodshoofd op de borst.***

Voorkomen In open gebieden, maar het aantal dat aanwezig is, wisselt sterk.

Wetenswaardigheden Deze grote, nachtactieve pijlstaartvlinder ***migreert*** vooral in warme jaren vanuit het zuiden en vliegt dan zelfs over de Alpen. Om eitjes te leggen moet hij inbreken in een ***bijenkorf***: zonder honing en nectar rijpen de eitjes niet. Een chemische camouflage beschermt de vlinder tegen de bijen, die hem nauwelijks lastigvallen. De maximaal 13 cm lange, prachtig gekleurde rupsen zijn vooral te vinden op aardappelakkers. Alleen een warm voorjaar maakt het ontwikkelen van een volgende generatie mogelijk, maar noch de imagines noch de poppen zijn bestand tegen de winter in Midden-Europa.

HYLOICUS PINASTRI J F M A M J J A S O N D
● ● ● ● (M J J A)

Dennenpijlstaart

Kenmerken S 65-80 mm. Overwegend grijs met korte, ***zwarte lengtestrepen.***

Voorkomen In dennenbossen, parken en tuinen.

Wetenswaardigheden Hoewel de dennenpijlstaart groot is en veel voorkomt, is hij niet gemakkelijk te vinden. Overdag zit hij ***perfect gecamoufleerd*** op stammen van dennen. Meestal wordt hij pas actief als het helemaal donker is en dan bezoekt hij sterk geurende bloemen, zoals kamperfoelie en zeepkruid. De maximaal 8 cm lange rupsen eten tussen juli en september dennennaalden, soms ook die van sparren of lariksen.

AGRIUS CONVOLVULI J F M A M J J A S O N D
● ● ● ● ● ● (M J J A S O)

Windepijlstaart

Kenmerken S 80-120 mm. Door grijsbruine vleugels goed gecamoufleerd, lijf met een alleen bij het vliegen zichtbaar, ***roze-zwart strepenpatroon opzij.***

Voorkomen In Midden-Europa ieder jaar sterk wisselende aantallen ***migrerend vanuit het zuiden,*** meestal in open gebieden.

Wetenswaardigheden Windepijlstaarten zijn zeer goede vliegers, in afstandsvluchten worden snelheden van wel 50 km/u bereikt. Als u bloeiende planten zoals de teunisbloem, nachtschone of zeepkruid in de tuin hebt, kunt u 's nachts ook zien hoe ze voedsel opnemen op een manier die doet denken aan een kolibrie. De pijlstaartvlinder ***fladdert ter plaatse*** en laat zijn maximaal 13 cm lange roltong in de bloem zakken. De maximaal 12 cm lange rupsen voeden zich met winde.

DOODSHOOFDVLINDER

DENNENPIJLSTAART

WINDEPIJLSTAART

DEILEPHILA ELPENOR

J	F	M	A	M	J	J	A	S	O	N	D
				●	●	●	●				

Groot avondrood

Kenmerken S 45-60 mm. Lijf en vleugels ***roze en mosgroen*** getekend.

Voorkomen In loofbossen in waterrijke gebieden, bosranden, parken en tuinen.

Wetenswaardigheden Avondrood begint pas 's nachts en bezoekt bloemen. Anders dan wij mensen kan hij ook bij erg zwak licht nog kleuren zien. De rups valt enerzijds op vanwege zijn grootte (tot wel 8 cm), anderzijds vanwege zijn gedrag. Als hij wordt bedreigd, blaast hij zijn met ***4 oogvlekken*** versierde voorkant op en lijkt dan verbluffend veel op een kleine slang. U vindt de rupsen van midden juni tot augustus op wilgenroosjes en balsemien, in tuinen ook op fuchsia's.

MACROGLOSSUM STELLATARUM

J	F	M	A	M	J	J	A	S	O	N	D
●	●	●	●	●	●	●	●	●	●	●	●

Kolibrievlinder

Kenmerken S 35-50 mm. Overwegend grijs met oranjekleurige achtervleugels en zwart-wit getekende rand op het achterlijf, ***brede 'staart'***, lange roltong.

Voorkomen Komt overal in warme, open gebieden veel voor.

Wetenswaardigheden Als u een ***'kolibrie'*** in tuinen ontdekt, is het deze spectaculaire vliegkunstenaar, die bliksemsnel van bloem naar bloem vliegt en – zonder te landen – zijn lange roltong uitsteekt om nectar te tanken. De dagactieve pijlstaartvlinder behoort tot de ***zwerfvlinders***; dat verklaart waarom hij niet altijd heel veel voorkomt. Als er veel vlinders binnenkomen en zich hier vermeerderen – de rupsen eten walstro – dan zijn er midden in de zomer veel kolibrievlinders. Tegenwoordig zijn er ook exemplaren die het lukt om te ***overwinteren.*** Daarom kunt u ze zelfs op een zonnige winterdag soms zien.

ORGYIA ANTIQUA

J	F	M	A	M	J	J	A	S	O	N	D
					●	●	●	●	●		

Witvlakvlinder

Kenmerken S max. 30 mm. Mannetje roestbruin met witte vleugelvlek, vrouwtje ongevleugeld, klein en grof.

Voorkomen Komt in bossen en open gebieden veel voor.

Wetenswaardigheden De vlinder is vrij onopvallend, maar de ongeveer 3 cm lange ***rups*** is des te spectaculairder. Het zwart-wit-rood getekende lijf heeft talloze extravagante haarbosjes, vooral 4 heldergele rugborstels. De rups leeft op sleedoorn, meidoorn, frambozen- en andere loofplanten en diverse kruiden. Het vrouwtje kan niet vliegen en lokt het mannetje met geurstoffen (feromonen). Ze legt direct na de paring eitjes en sterft.

AVONDROOD, RUPS

GROOT AVONDROOD

KOLIBRIEVLINDER

WITVLAKVLINDER, RUPS

WITVLAKVLINDER, ♂

ARCTIA CAJA

J	F	M	A	M	J	J	A	S	O	N	D
					•	•	•	•			

Grote beer

Kenmerken S 45-65 mm. Voorvleugels bruin met witte strepen, ***achtervleugels rood of oranje met donkerblauwe vlekken.***

Voorkomen Op vrij vochtig, halfopen terrein, zoals open plekken in het bos, bosranden, struikgewas, weiden, maar ook in tuinen.

Wetenswaardigheden De naam 'beer' begrijpt u zodra u de larven hebt gezien, een overwegend bruine, sterk en lang behaarde, maximaal 6 cm lange ***rups*** die aan verschillende bomen (bijvoorbeeld boswilg, sleedoorn) en vaste planten (bijvoorbeeld frambozen of moerasspirea) vreet. Bij gevaar houdt hij zich dood. De wijd verspreide maar strikt nachtactieve vlinder volgt een andere strategie: als hij zich bedreigd voelt, spreidt hij zijn vleugels, zodat de rode achtervleugels oplichten en hij beklemtoont de ***afschrikking*** met een stinkende afscheiding.

ZYGAENA FILIPENDULAE

J	F	M	A	M	J	J	A	S	O	N	D
				•	•	•	•	•			

Sint-jansvlinder

Kenmerken S 30-38 mm. Dakvormig gevouwen voorvleugels met elk 6 rode vlekken (***'bloeddropje'***), achtervleugels rood, lange zwarte, aan de voorkant verdikte voelsprieten.

Voorkomen In warme en ***zonnige weiden met veel bloemen*** en in bosranden.

Wetenswaardigheden Dit is de meest voorkomende van de ongeveer 30 bloeddropjessoorten in Midden-Europa. Bloeddropjes zitten vaak in de zon op bloemen, vaak ook met meerdere bij elkaar. Ze lijken daarbij te vertrouwen op hun ***alarmerende kleur*** en afschuwelijke smaak – in ieder geval zijn ze niet erg schuw. Hoewel de moerasspirea (*Filipendula*) in de naam van deze soort zit, eten de rupsen het liefst rolklaver (*Lotus*). Ze verpoppen zich in een dunne, witte, aan een stengel geplakte cocon.

OCHLODES SYLVANUS

J	F	M	A	M	J	J	A	S	O	N	D
					•	•	•				

Groot dikkopje

Kenmerken S 25-32 mm. Oranjebruin, ***opvallend grote kop en stevig lijf,*** zit vaak met horizontaal gehouden achtervleugels en schuin omhooggezette voorvleugels.

Voorkomen Komt veel voor, vooral op weiden met veel bloemen.

Wetenswaardigheden De grotendeels naakte rupsen zijn groen met een donker kapje op de kop. Ze eten ***verschillende veel voorkomende grassoorten***, maar doen dat niet openlijk maar vanuit dekking: ze rollen grasssprietjes op met zijden draadjes. In dit rolletje overwinteren de larven ook. De verpopping vindt pas in het voorjaar plaats.

GROTE BEER

SINT-JANSVLINDER

GROOT DIKKOPJE, ♂ (L) EN ♀ (R)

LYCAENA PHLAEAS

J	F	M	A	M	J	J	A	S	O	N	D
			•	•	•	•	•	•	•		

Kleine vuurvlinder

Kenmerken S 22-27 mm. Voorvleugels oranje met bruine rand en vlekken, achtervleugels bruin met oranje rand en (slecht zichtbare) blauwe stippen.

Voorkomen Bij ruderale planten, in braakliggende terreinen, duingebieden, bermen of aardwallen in open terrein.

Wetenswaardigheden De rupsen, die heel graag ***zuring*** eten, overwinteren en verpoppen zich al vroeg. Volwassen vlinders zijn van het voorjaar tot de herfst te zien in ***meerdere, elkaar overlappende generaties.***

NEOZEPHYRUS QUERCUS

J	F	M	A	M	J	J	A	S	O	N	D
					•	•	•				

Eikenpage

Kenmerken S 28-33 mm. Bovenkant van mannetje donkerblauw met zwarte rand, vrouwtje slechts klein blauw gedeelte.

Voorkomen In zonnig warme ***gemengde loofbossen met eiken.***

Wetenswaardigheden Vanwege zijn rupsen is de vlinder gebonden aan eiken. Hij is meestal te vinden in de ***kruinen van bomen.*** In plaats van bloemen bezoekt hij liever bladluizen en zuigt honingdauw.

CALLOPHRYS RUBI

J	F	M	A	M	J	J	A	S	O	N	D
			•	•	•	•					

Groentje

Kenmerken S 24-28 mm. Vleugels bovenkant donkerbruin, ***onderkant felgroen*** – een van de weinige vlinders die opvallender is met gesloten vleugels.

Voorkomen Zowel in droog als vochtig open terrein met veel struiken, in het bos en zelfs in hoogveen.

Wetenswaardigheden De larven zijn niet erg kieskeurig: veenbessen, vossenbessen en bosbessen, brem, zonneroosje en andere vinden ze lekker, maar bramen eten ze niet.

POLYOMMATUS ICARUS

J	F	M	A	M	J	J	A	S	O	N	D
				•	•	•	•	•	•		

Icarusblauwtje

Kenmerken S 25-30 mm. Mannetje bovenkant helderblauw met witte rand, vrouwtje bruin met oranje vlekken langs de rand.

Voorkomen Komt veel voor, vooral in ***weiden met veel bloemen.***

Wetenswaardigheden Eigenlijk zou de soort ***'rolklaverblauwtje'*** moeten heten, want de kleine, groene, witbehaarde rups eet liever rolklaver dan andere vlinderbloemigen. Twee (tot drie) generaties zorgen voor een lange vliegperiode.

KLEINE VUURVLINDER

EIKENPAGE

GROENTJE

ICARUSBLAUWTJE, ♂

ICARUSBLAUWTJE, ♀

MELANARGIA GALATHEA

J	F	M	A	M	J	J	A	S	O	N	D
					•	•	•				

Dambordje

Kenmerken S 37-52 mm. Bovenkant ***zwart-witte tekening.***

Voorkomen Wijd verspreid en komt veel voor op weinig bemeste, vrij droge weiden met veel bloemen.

Wetenswaardigheden De larve van het dambordje eet vrijwel uitsluitend ***grassen,*** de vlinder bezoekt verschillende bloemen, maar heeft een uitgesproken voorliefde voor centauries (samengesteldbloemigen).

MANIOLA JURTINA

J	F	M	A	M	J	J	A	S	O	N	D
					•	•	•	•			

Bruin zandoogje

Kenmerken S 40-48 mm. Overwegend bruin, voorvleugels met ***oogvlek***, die bij vrouwtjes veel groter is dan bij mannetjes.

Voorkomen Komt overal voor, behalve in dichte bossen en op intensief gebruikt akkerland.

Wetenswaardigheden Het vrouwtje plakt de eitjes één voor één en ver uit elkaar tegen de onderkant van grasprietjes, waar de rupsen zich later mee voeden.

INACHIS IO

J	F	M	A	M	J	J	A	S	O	N	D
		•	•	•	•	•	•	•	•		

Dagpauwoog

Kenmerken S 50-60 mm. Bovenkant met ***kleurig 'pauwoog'***, onderkant zwart.

Voorkomen Komt overal veel voor.

Wetenswaardigheden De vlinders overwinteren (ook in gebouwen) en zijn daarom al heel vroeg in het jaar te zien. De stekelige, zwarte ***rupsen vreten in grote groepen brandnetels*** en verpoppen zich aan planten hangend. Na ongeveer twee weken komen de vlinders uit. Ieder jaar worden twee generaties volwassen.

AGLAIS URTICAE

J	F	M	A	M	J	J	A	S	O	N	D
	•	•	•	•	•	•	•	•	•		

Kleine vos

Kenmerken S 40-50 mm. Oranje met ***voorste rand van de vleugels geelzwart getekend.***

Voorkomen Komt overal veel voor.

Wetenswaardigheden Net zoals de dagpauwoog ***overwinterend als imago*** en al aan de allereerste bloemen (klein hoefblad, bittere wilg) nectar zuigend. De rups, ook in grote aantallen tegelijk vretend ***aan brandnetels***, onderscheidt zich van die van de dagpauwoog door gele strepen in de lengte (zie bladzijde 5).

DAMBORDJE

BRUIN ZANDOOGJE, ♀

DAGPAUWOOG, RUPSEN

DAGPAUWOOG

KLEINE VOS

VANESSA ATALANTA

J	F	M	A	M	J	J	A	S	O	N	D
		•	•	•	•	•	•	•	•	•	

Atalanta

Kenmerken S 50-60 mm. Markant (ook aan de onderkant) zijn vooral de *zwart-witte vleugeltoppen.*

Voorkomen Komt veel voor in open habitats.

Wetenswaardigheden Als u in het vroege voorjaar een atalanta ziet, heeft de vlinder overwinterd. Dat lijkt met de opwarming van het klimaat vaker te gebeuren. Anders verschijnen atalanta's meestal pas in mei als *immigranten vanuit het zuiden,* bij gunstig trekweer van de ene dag op de andere in grote aantallen. Hier plant de vlinder zich voort *op brandnetels*, waarbij de rups aan de stengel knaagt, zodat hij knikt waarna hij blaadjes met behulp van spindraden oprolt tot een 'woonzakje'. In het noorden is er in de zomer één generatie, in het zuiden twee. Daarna onderneemt een deel van de vlinders opvallende trektochten in zuidwestelijke richting, waarbij ze met hoge snelheid grote afstanden afleggen zonder af te wijken van de richting.

POLYGONIA C-ALBUM

J	F	M	A	M	J	J	A	S	O	N	D
		•	•	•	•	•	•	•	•		

Gehakkelde aurelia

Kenmerken S 42-50 mm. Oranjebruin met *sterk uitgesneden vleugelrand,* onderkant donkerbruin (overwinterende dieren) of lichtbruin (meestal zomerdieren), altijd met *witte C.*

Voorkomen Komt vooral veel voor op bospaden, langs de rand van het bos en op weiden met fruitbomen.

Wetenswaardigheden Gehakkelde aurelia's zijn bijzonder opvallend in het vroege voorjaar, als de overwinteraars met wijd gespreide vleugels in de zon zitten en de mannetjes *territoria* vormen. De kleurige rupsen eten aan verschillende planten: boswilg, hazelnoot, iep, hop, aalbes en brandnetel behoren daartoe. De vlinders zuigen in de herfst graag aan *valfruit.*

CYNTHIA CARDUI

J	F	M	A	M	J	J	A	S	O	N	D
			•	•	•	•	•	•	•		

Distelvlinder

Kenmerken S 45-60 mm. Oranje en zwart met *witte vlekken op de vleugeltoppen*.

Voorkomen Komt overal veel voor, trekt ook midden door de stad.

Wetenswaardigheden Als de distelvlinders in het voorjaar hier aankomen, hebben ze al een hele vlucht achter zich. Er wordt overwinterd in Noord-Afrika. Een eerste generatie wordt in het vroege voorjaar volwassen in het gebied rond de Middellandse Zee. De nakomelingen daarvan maken zich op voor de vlucht over de Alpen. In sommige jaren verschijnen bij ons vele miljoenen vlinders in een doelgerichte '*invasie*'.

ATALANTA

GEHAKKELDE AURELIA

DISTELVLINDER

ARASCHNIA LEVANA

J	F	M	A	M	J	J	A	S	O	N	D
			•	•	•	•	•	•			

Landkaartje

Kenmerken S 28-40 mm. Opvallend is dat de ***lentegeneratie*** (fel oranje met bruine vlekken) er totaal anders uitziet dan de ***zomergeneratie*** (zwart met witte strepen). De onderkant is een kleurige 'landkaart'.

Voorkomen Komt in het voorjaar niet bijzonder veel voor. De zomergeneratie is talrijker, vooral langs bosranden.

Wetenswaardigheden Bij de landkaartjes overwinteren de poppen, de vlinder behoort dus niet tot de heel vroege lentesoorten. Net zoals bij veel andere vlinders dient de ***brandnetel*** ook bij deze soort als voedsel voor de rupsen.

ARGYNNIS PAPHIA

J	F	M	A	M	J	J	A	S	O	N	D
					•	•	•	•			

Keizersmantel

Kenmerken S 55-65 mm. Meestal fel oranje met bruine strepen en vlekken, achtervleugels aan de onderkant groen met zilveren rand.

Voorkomen Komt veel voor op zonnige ***bosranden en -paden met veel bloemen.***

Wetenswaardigheden De keizersmantel is een typische zomervlinder, die in een generatie vliegt en overwintert als heel klein rupsje. De voedselplanten – verschillende violensoorten – worden pas het volgende voorjaar opgezocht. De vlinder zit meestal op hoge vaste planten en zuigt nectar uit koninginnenkruid, speerdistel, dwergvlier, gewone engelwortel en andere planten.

PIERIS BRASSICAE

J	F	M	A	M	J	J	A	S	O	N	D
			•	•	•	•	•	•	•		

Groot koolwitje

Kenmerken S 50-65 mm. ***Wit met zwarte vleugeltoppen,*** vrouwtje met 2 extra zwarte stippen. Grootste van de ongeveer 15 inheemse witjessoorten.

Voorkomen Heeft een voorkeur voor cultuurland: velden, tuinen. Wijd verspreid en komt veel voor.

Wetenswaardigheden Het koolwitje is een ***cultuurvolger***, waarvan de rupsen vooral worden gevonden ***op verschillende koolsoorten***, minder vaak op wilde kruisbloemigen. In tuinen valt de maximaal 4 cm lange, zwart en groengeel getekende rups ook op de Oost-Indische kers op. Als zwerfvlinder is de soort echter ook ver van de velden te zien. Vaak zit hij op bloemen om nectar te zuigen, het liefst rode en paarse bloemen (bijvoorbeeld klaver, luzerne, vlinderstruik). Vroeger werd het koolwitje soms schadelijk als hij in grote massa's voorkwam, maar tegenwoordig loopt het bestand van de soort duidelijk terug.

LANDKAARTJE, LENTE

LANDKAARTJE, ZOMER

KEIZERSMANTEL

GROOT KOOLWITJE, ♀

ANTHOCHARIS CARDAMINES

J	F	M	A	M	J	J	A	S	O	N	D
		•	•	•	•	•					

Oranjetipje

Kenmerken S 35-45 mm. Wit, voorvleugels met grijze punt en kleine, zwarte vlek, ***bij mannetje is de helft van de punt fel oranje.***

Voorkomen Komt veel voor, vooral in lichte bossen en op vochtige weiden.

Wetenswaardigheden De mannetjes patrouilleren op zonnige bosranden en proberen voorbijvliegende of zittende vrouwtjes te overreden tot paren. De eitjes worden gelegd op de bloemstelen van ***pinksterbloemen*** of knoflookkruid (andere planten minder vaak), waar de groene, erg goed gecamoufleerde rups het liefst de jonge scheuten vreet. Ook om nectar op te zuigen, gaat de vlinder graag op pinksterbloemen zitten.

GONEPTERYX RHAMNI

J	F	M	A	M	J	J	A	S	O	N	D
	•	•	•	•	•	•	•	•			

Citroenvlinder

Kenmerken S 50-55 mm. Mannetje ***fel lichtgeel,*** vrouwtje ***vaal groenachtig wit,*** vleugels spits toelopend.

Voorkomen Komt veel voor, meestal in bossen, bosranden en hagen.

Wetenswaardigheden De citroenvlinder is bijna altijd ***de eerste vlinder van het jaar.*** Vrij op een blaadje of tak zittend heeft hij overwinterd, door een vorstbeschermingsmiddel in het 'bloed' beschermd tegen bevriezen. Nu tankt hij zon en bij de eerste bloeiende wilgen ook nectar. De eitjes worden in april/mei gelegd op de ***vuilboom en wegedoorn.*** Iets later sterft de vlinder op een voor een vlinder ongewoon hoge leeftijd van bijna één jaar. De volgende generatie vliegt uit vanaf juli.

PAPILIO MACHAON

J	F	M	A	M	J	J	A	S	O	N	D
			•	•	•	•	•	•			

Koninginnenpage

Kenmerken S 50-75 mm. Zeer grote, ***opvallend zwartgeel*** getekende vlinder met ***'staartpunten'***, achtervleugels met blauwe vlekkenrand en rode stip.

Voorkomen In weiden met veel bloemen en in tuinen. Ver rondzwervend. Komt in het zuiden vaker voor dan in het noorden.

Wetenswaardigheden Als u ***wortels*** kweekt in de tuin, kent u de maximaal 4,5 cm lange, dikke rupsen misschien wel. Ze zijn groen en hebben door rode stippen onderbroken zwarte dwarse strepen. Als ze worden bedreigd, zetten ze een onaangenaam ruikende oranje nekvork op. Behalve wortels eten de rupsen talloze andere schermbloemigen. Goede kans om de snelvliegende vlinder uitgebreid te kunnen bekijken, hebt u op open toppen, waar baltsende koninginnenpages elkaar treffen voor een vliegshow.

ORANJETIPJE, ♂

CITROENVLINDER, ♂

KONINGINNENPAGE, RUPS

KONINGINNENPAGE

TIPULA MAXIMA J F M A M J J A S O N D

Reuzenlangpootmug

Kenmerken L max. 37 mm, S 55-65 mm. Slank, smalle kleurrijke vleugels, ***erg lange poten.***

Voorkomen Komt veel voor in bossen, struikgewas, vochtige weiden, maar ook in tuinen.

Wetenswaardigheden Reuzenlangpootmuggen zorgen regelmatig voor paniek als ze 's nachts, ***aangetrokken door het licht,*** woningen binnenkomen. Ze zijn echter totaal onschuldig. Ze kunnen met hun monddelen alleen nectar of water opnemen en het achterlijf van het vrouwtje heeft geen angel maar een legboor. De lange poten breken gemakkelijk af, wat het vluchten soms gemakkelijker maakt omdat het vijanden afleidt. De larven (emelten) leven in de grond en eten wortels en gevallen blaadjes.

CULEX PIPIENS J F M A M J J A S O N D

Steekmug

Kenmerken L 4-6 mm. Slank, lichtbruin, met lange steeksnuit, mannetje met pluimvormige voelsprieten.

Voorkomen Komt overal veel voor in vochtige habitats.

Wetenswaardigheden Zonder water geen steekmuggen. De legsels met 200-400 aan elkaar geplakte ***eitjes drijven*** als zwarte 'bootjes' met een doorsnede van een paar millimeter op het water, een regenton is al voldoende. De ***larven leven als filteraars***. Om te kunnen ademen, hangen ze aan het wateroppervlak. Bij gevaar duiken ze kronkelend naar beneden. Uit de ook aan het wateroppervlak levende poppen komen dan de imagines. Alleen de ***vrouwtjes steken:*** voordat ze weer eitjes kunnen leggen, hebben ze een bloedmaaltijd nodig. In de zomer ontstaan meerdere generaties. Uiteindelijk overwinteren bevruchte vrouwtjes, bijvoorbeeld in kelders en holen.

BIBIO MARCI J F M A M J J A S O N D

Maartse vlieg

Kenmerken L 8-12 mm. ***Zwart glanzend,*** mannetje slank met heel grote ogen, vrouwtje dikker met kleine kop en zwarte vleugels.

Voorkomen Komt vooral veel voor langs bosranden, maar ook in tuinen.

Wetenswaardigheden De wetenschappelijke soortnaam 'marci' heeft geen betrekking op de maand maart, maar op Sint-Marcusdag (25 april). Rond deze tijd vallen de maartse vliegen (ook wel ***'rouwvliegen'*** genoemd) extra op, omdat de mannetjes in grote zwermen met hangende poten vooral ***langs bosranden vliegen.*** De larven leven in de grond en zijn belangrijke producenten van humus.

REUZENLANGPOOTMUG

STEEKMUG, LARVEN, POPPEN

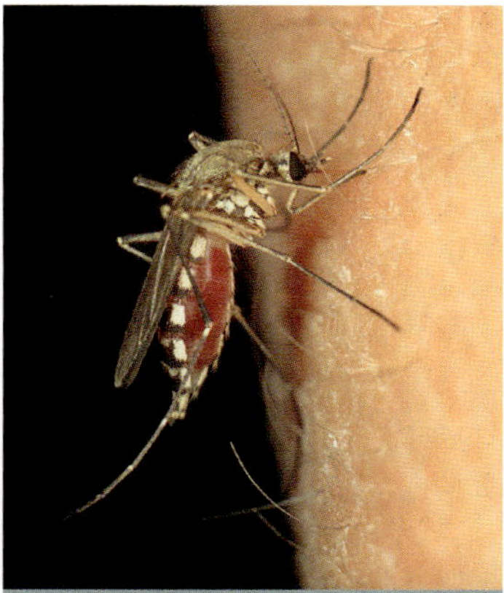
STEEKMUG, ♀

MAARTSE VLIEG, ♂

STRATIOMYS POTAMIDA J F M A M J J A S O N D

Gestreepte wapenvlieg

Kenmerken L 12-16 mm. ***Zeer breed, geel en zwart getekend achterlijf***, het gele schildje achter de borst heeft 2 doorns, vleugels over het achterlijf op elkaar gelegd.

Voorkomen ***In de buurt van water*** op vochtige weiden met veel bloemen. Komt niet veel voor.

Wetenswaardigheden De grote gestreepte vliegen uit de wapenvliegfamilie zitten graag op bladeren of bloemen in de zon, vooral op schermbloemigen zoals berenklauw. Ze zijn ***opvallend traag*** en gaan bijna nooit ver uit de buurt van het water waarin de larven leven. De maximaal 5 cm lange maden zonder poten zijn heel stevig omdat ze kalkkorreltjes opslaan. Hun lijf is duidelijk geleed en mondt uit in een adembuis die fungeert als snorkel. Kruipend kunnen de larven ook korte afstanden over land afleggen.

CHLOROMYIA FORMOSA J F M A M J J A S O N D

Gewone wapenvlieg

Kenmerken L 7-9 mm. Mannetje slanker met metalig groene borst en ***bronskleurig achterlijf***, vrouwtje breder met ***metalig blauw glanzend achterlijf,*** vleugels bruin.

Voorkomen Komt veel voor op weiden met veel bloemen en in bermen, maar ook in tuinen.

Wetenswaardigheden Onder de ongeveer 65 inheemse wapenvliegsoorten is dit een van de meest voorkomende. Hij leeft van pollen en nectar en is daarom ***meestal op bloemen*** te zien, die het opnemen daarvan gemakkelijk maken voor insecten met een korte roltong. Daartoe behoren bijvoorbeeld schermbloemigen. De vliegen zijn meestal niet erg actief en geen bijzonder goede vliegers. De larven voeden zich met verrot plantenmateriaal.

TABANUS BOVINUS J F M A M J J A S O N D

Grote runderdaas

Kenmerken L 20-24 mm. Groot en krachtig, met bruin lijf, licht gekleurde vleugels en heel grote regenboogogen.

Voorkomen ***Komt veel voor, vooral in weidegebieden,*** maar ook langs bosranden en in tuinen.

Wetenswaardigheden Voordat ze eitjes leggen, ***hebben daasvrouwtjes bloed nodig.*** Deze soort vliegt daarvoor graag naar runderen of andere grote zoogdieren en kan maximaal 1 cm^3 bloed aftappen. Ook mensen zijn niet gevrijwaard. Op plaatsen waar nog veel vee buiten graast, komen runderdazen nog veel voor, verder is het aantal door de overgang naar stalhouding duidelijk teruggelopen.

GESTREEPTE WAPENVLIEG, ♀

GEWONE WAPENVLIEG, ♂

GROTE RUNDERDAAS, ♀

HAEMATOPODA PLUVIALIS J F M A M J J A S O N D
● ● ● ● ● ●

Gewone regendaas (of blinde vlieg)

Kenmerken L 8-12 mm. Grijs, ***met gemarmerde, dakvormig gehouden vleugels*** en groenbonte facetogen.

Voorkomen Komt vooral veel voor in bossen en in de buurt van bossen.

Wetenswaardigheden Van de ongeveer 50 inheemse daassoorten is dit de bekendste. Bij ***zwoel warm weer*** worden de vrouwtjes bloeddorstig en heel vervelend. Anders dan bij steekmuggen, waarvan de steek met erg dunne steekhaartjes aanvankelijk nauwelijks merkbaar is, gaan dazen grof te werk, ze snijden de huid open en likken het naar buiten komende bloed af. Ze hebben bij mensen vrij weinig succes, omdat vrijwel geen enkele steek onopgemerkt blijft en de daas bijna nooit ontkomt aan de toeslaande hand, maar je houdt er wel een jeukende bult aan over. De larven van de daas leven in de vochtige grond van organische resten.

CHRYSOPS RELICTUS J F M A M J J A S O N D
● ● ● ● ●

Goudoogdaas

Kenmerken L 9-12 mm. Zeer opvallend met ***felkleurige ogen*** en driehoekig gehouden, ***sterk gevlekte vleugels.***

Voorkomen In lichte bossen en open terrein niet zeldzaam, maar ook in tuinen.

Wetenswaardigheden Deze schoonheid onder de inheemse insecten moet u niet te dichtbij laten komen, want ook hiervan zijn de vrouwtjes, net zoals andere daassoorten, uit op bloed en ze ***steken pijnlijk.*** Als zij het op u heeft gemunt, kan ze u zeer hardnekkig volgen. De mannetjes, die gemakkelijk te herkennen zijn aan de ogen die elkaar aan de bovenkant raken, zijn onschuldige nectarslurpers.

RHAGIO SCOLOPACEUS J F M A M J J A S O N D
● ● ● ● ●

Snavel- of snipvlieg

Kenmerken L 8-14 mm. ***Slank met lange poten,*** met grijze borst, puntig achterlijf en gevlekte vleugels.

Voorkomen Komt overal veel voor in bossen.

Wetenswaardigheden Snavelvliegen zijn ***jagers.*** Met opgericht voorlijf zitten ze met hun kop naar beneden op zonnige boomstammen op de loer en speuren de omgeving af. Voorbijvliegende insecten worden in de vlucht gegrepen. In dezelfde houding wachten mannetjes ook op vrouwtjes. Regelmatig gaan snavelvliegen ook op mensen af om ze als zitplaats te gebruiken; dat veroorzaakt meestal een (volledig onnodig) panisch gezwaai met handen. Ook de larven zijn rovers; ze gaan in gevallen bladeren op sluipjacht naar insecten en regenwormen.

GEWONE REGENDAAS, ♀

GOUDOOGDAAS, ♀

SNAVELVLIEG, ♂

BOMBYLIUS MAJOR

J	F	M	A	M	J	J	A	S	O	N	D
		•	•	•	•						

Grote wolzwever

Kenmerken L 9-12 mm. ***Hommelachtig*** bruine vacht ('hommelzwever'), lange donkere poten en een ***heel lange zuigtong, voorste helft voorvleugels donker.***

Voorkomen Komt veel voor in open bosranden en zonnige bermen.

Wetenswaardigheden Wolzwevers hebben een ***bijzondere manier van voortplanten.*** Ze zoeken nesten van graafbijen, gaan daar voortdurend op de plek boven zweven en werpen ten slotte met wippende bewegingen eitjes naar beneden. Daaruit komen beweeglijke kleine larven die zelf hun weg vinden naar het bijennest. Daar voeden ze zich aanvankelijk met de voorraad pollen en nectar die was bedoeld voor de bijenlarven en dan met de larven zelf voordat ze zich onder de grond verpoppen. De lange roltong maakt dat de wolzwever ook bloemen kan gebruiken die voor de meeste andere vliegen niet toegankelijk zijn.

LAPHRIA EPHIPPIUM

J	F	M	A	M	J	J	A	S	O	N	D
				•	•	•	•				

Ruige roofvlieg

Kenmerken L 17-25 mm. Krachtige, lange poten, lijkt door de sterke beharing ***op een 'lange hommel'.***

Voorkomen In lichte bossen en langs bosranden. Tamelijk zeldzaam.

Wetenswaardigheden Van de ongeveer 80 bij ons gevonden roofvliegsoorten is dit een van de grootste. Het is een ***loerjager***, die graag op stammen of stronken zit. Voortdurende bewegingen met de kop tonen dat hij zijn omgeving goed in de gaten houdt. Incidentele rondvluchten eindigen vaak weer op de startplaats. De prooi kan bijna even groot zijn als de vlieg zelf. Hun steeksnuit is zo sterk dat ook het pantser van de kever geen bescherming biedt. Let op: een steek is zeer pijnlijk.

CONOPS FLAVIPES

J	F	M	A	M	J	J	A	S	O	N	D
				•	•	•	•				

Blaaskopvlieg

Kenmerken L 9-13 mm. ***Wespachtig*** zwartgeel, slank achterlijf, lange zwarte voelsprieten, ***lange roltong,*** smalle vleugels.

Voorkomen Langs bosranden, in weiden met veel bloemen, maar ook in tuinen. Komt niet veel voor.

Wetenswaardigheden De vliegen zitten vaak ***op bloemen***, het liefst op schermbloemigen en schurftkruid. Om zich voort te planten, overvalt de blaaskopvlieg een wesp en plakt een eitje op zijn achterlijf. De larve dringt door de zachte huid tussen de harde ringen op het achterlijf de wesp binnen en eet hem langzaam leeg. Als de wesp sterft, verpopt de larve zich in de dode gastheer. Pas het volgende voorjaar komt hij uit.

GROTE WOLZWEVER

RUIGE ROOFVLIEG EET SOLDAATJE

BLAASKOPVLIEG

EPISYRPHUS BALTEATUS J F M A M J J A S O N D

Pyjamazweefvlieg

Kenmerken L 8-12 mm. Geel achterlijf met ***afwisselend smalle en brede zwarte strepen.***

Voorkomen Meest algemene zweefvlieg.

Wetenswaardigheden In de eerste lentedagen verschijnen de overwinteraars – uitsluitend vrouwtjes – op klein hoefblad of wilgen. Pas in mei komt de soort door massale ***immigratie vanuit het zuiden*** veel voor en vormt hij meerdere generaties voordat in de herfst weer wordt vertrokken naar het zuiden. De pyjamazweefvlieg speelt een grote rol bij de ***biologische bestrijding van schadelijke insecten:*** iedere larve eet in de paar dagen tussen ei en verpopping ***honderden bladluizen.*** Na ongeveer één week komt het imago uit, dat in veel habitats de veruit meest voorkomende bloembezoekende zweefvlieg is.

SPHAEROPHORIA SCRIPTA J F M A M J J A S O N D

Groot langlijfje

Kenmerken L 9-12 mm. Mannetje (ogen elkaar bovenop rakend) ***met zeer lang, slank achterlijf,*** vrouwtje (ogen gescheiden) met smallere, gele randen en puntig achterlijf.

Voorkomen In open gebieden. Komt vooral hoogzomer overal veel voor.

Wetenswaardigheden De soort is meestal te vinden ***op bloemen.*** Schermbloemigen en composieten, die pollen en nectar open aanbieden, worden het liefst bezocht. De ***larven vreten bladluizen*** op planten in de kruidenlaag, ook in graan- en koolvelden en op sla. Net zoals de vorige soort is ook deze uitermate mobiel en trekt laat in de zomer en in de herfst naar het zuiden.

CHRYSOTOXUM CAUTUM J F M A M J J A S O N D

Grote fopwesp

Kenmerken L 12-14 mm. Lijkt door vorm, zwartgele kleur en tamelijk lange voelsprieten ***heel erg op een wesp.***

Voorkomen Komt veel voor in open haaglandschappen, warme bosranden, maar ook in tuinen.

Wetenswaardigheden Veel zweefvliegen zijn overtuigende wespimitaties. Alleen een scherpe blik toont duidelijke verschillen: vliegen hebben slechts 2 vleugels, hun ogen zijn veel groter, hun voelsprieten korter en van een wespentaille is nauwelijks sprake. Proeven hebben aangetoond dat de onschuldige vliegen door deze mimicry inderdaad een bepaalde bescherming genieten tegen vijanden die ze willen opeten. Deze zweefvliegsoort bezoekt graag bloemen, maar dept ook het oppervlak van blaadjes met honingdauw af.

PYJAMAZWEEFVLIEG, LARVE

PYJAMAZWEEFVLIEG, ♀

GROOT LANGLIJFJE, ♂

GROTE FOPWESP, ♂

MERODON EQUESTRIS J F M A M J J A S O N D

● ● ● (M J J)

Grote narcisvlieg

Kenmerken L 12-14 mm. ***Hommelachtig,*** maar met korte voelsprieten, kleur van helemaal geel tot zwart met wit achterste.

Voorkomen In open landschappen, vooral in tuinen.

Wetenswaardigheden Wat de narcisvlieg naar tuinen lokt, zijn natuurlijk ***narcissen en andere bolgewassen,*** waarin de maximaal 18 mm grote, bruine larven leven. In de professionele tuinbouw gelden narcisvliegen als schadelijk, in de huistuin ontstaat al snel een evenwicht. De mannetjes controleren in snelle, lage zigzagvlucht een klein ***territorium***, waar ze andere mannetjes uit verdrijven. Ze zitten vaak op de grond, maar ook graag op bloemen.

ERISTALIS TENAX J F M A M J J A S O N D

● ● ● ● ● ● ● ● ● ● (F M A M J J A S O N)

Blinde bij

Kenmerken L 14-16 mm. ***Lijkt op een bij,*** maar met grote kop, korte voelsprieten en minder sterke beharing.

Voorkomen Komt overal zeer veel voor.

Wetenswaardigheden Naast insecten die lijken op wespen en hommels zijn er onder de zweefvliegen ook veel bij-imitaties. Bijzonder bekend is de blinde bij, van wie de karakteristieke ***in het water levende rattenstaartlarven*** zelfs nog in een sterk vervuilde omgeving (gierputten) overleven. De telescoopachtige meerdere centimeters uitschuifbare 'rattenstaart' is een snorkel waarop ademopeningen zitten. De larve leeft van organische resten die zich verzamelen op de ondergrond. Voor de verpopping verbergt hij zich aan land. De blinde bij overwintert in Midden-Europa (bijvoorbeeld in holtes), maar trekt in de herfst ook in grote aantallen naar het zuiden.

TEMNOSTOMA BOMBYLANS J F M A M J J A S O N D

● ● ● (M J J)

Donkere wespvlieg

Kenmerken L 12-14 mm. Slank, zwart met dunne, gele strepen op het achterlijf.

Voorkomen Vooral in vochtige loofbossen met veel oud en dood hout. Komt niet veel voor.

Wetenswaardigheden Deze zweefvlieg heeft een bijzonder geraffineerde ***'truc' om wespen te imiteren.*** Hij strekt zijn diepzwarte voorpoten naar voren en verdoezelt zo dat hij zelf slechts heel korte voelsprieten heeft. De donkere rand op de vleugels lijkt op de op elkaar gelegde vleugels van de plooiwesp. De larven hebben aan de voorkant 'raspen' waarmee ze zich door afgestorven hout van berken, elzen en andere loofbomen boren.

GROTE NARCISVLIEG

BLINDE BIJ, ♂

DONKERE WESPVLIEG, ♀

RHINGIA CAMPESTRIS

J	F	M	A	M	J	J	A	S	O	N	D
				•	•	•	•	•			

Snuitvlieg

Kenmerken L 8-11 mm. ***Lange 'snavel',*** donkere borst en roodbruin achterlijf.

Voorkomen In bossen en vochtige weiden, maar ook in tuinen. Komt zeer veel voor.

Wetenswaardigheden De meeste zweefvliegen hebben een korte roltong. Bij de snuitvlieg is die juist erg lang. Daardoor heeft hij een ***zeer veelzijdig bloemenaanbod,*** dat niet toegankelijk is voor andere soorten, bijvoorbeeld lipbloemigen of pinksterbloemen. In rusthouding wordt de roltong in de lange snuit geklapt. De ***larve*** voedt zich met organisch afval en ontwikkelt zich ook in koeienvlaaien.

DROSOPHILA MELANOGASTER

J	F	M	A	M	J	J	A	S	O	N	D
•	•	•	•	•	•	•	•	•	•	•	•

Fruitvlieg

Kenmerken L 2-2,5 mm. Heel klein, geel, met rode ogen en zwarte punt aan het achterlijf.

Voorkomen Oorspronkelijk tropisch-subtropisch, tegenwoordig wereldwijd, in Midden-Europa ***vooral in compost en gft-containers.*** Overwintering in woningen.

Wetenswaardigheden In de zomer hoeft u alleen maar wat fruit op een schaal te leggen of een glas wijn even te laten staan om gegarandeerd fruitvliegjes te zien. Ze worden bijna magisch aangetrokken door ***overrijp fruit.*** In compost vermeerderen ze zich razendsnel: het vrouwtje kan wel 400 eitjes leggen. Bij 25°C duurt de larvale periode vijf en het popstadium vier dagen. Na negen dagen is de volgende generatie dus al bezig. Vanwege deze erg snelle ontwikkeling is Drosophila het populairste ***proefdier van genetici.***

TACHINA FERA

J	F	M	A	M	J	J	A	S	O	N	D
			•	•	•	•	•	•	•		

Woeste sluipvlieg

Kenmerken L 9-16 mm. Zwart en oranje gekleurd, vooral aan het achterlijf ***sterke borstels***.

Voorkomen Langs bosranden en -wegen, in parken en tuinen. Komt veel voor.

Wetenswaardigheden De woeste sluipvlieg is een van de grootste. Rupsenvliegen heten zo omdat ze zich ontwikkelen in de ***larven van andere geleedpotigen*** – vaak rupsen van vlinders – en die daarbij doden. In het geval van de woeste sluipvlieg zijn de gastheren rupsen van uilvlinders, waaronder ook de in het bos schadelijke dennenuil. De vliegen zelf zijn meestal te zien op bloemen, vooral op schermbloemigen of composieten.

SNUITVLIEG, ♀

FRUITVLIEG

WOESTE SLUIPVLIEG

MUSCA DOMESTICA

J	F	M	A	M	J	J	A	S	O	N	D
●	●	●	●	●	●	●	●	●	●	●	●

Huisvlieg

Kenmerken L 6-8 mm. Donkergrijs, met in de lengte gestreepte borst en overwegend oranjebruin achterlijf.

Voorkomen Komt in de buurt van woningen overal veel voor, maar is ook in de vrije natuur te vinden.

Wetenswaardigheden Huisvliegen zijn vrijwel overal te vinden waar mensen wonen. Onverschrokken (en daarom vaak lastig) bedienen ze zich van ons eten, wisselen bliksemsnel van uitwerpselen naar brood en vormen daardoor hygiënische problemen. Hun witte, volgroeide ***ongeveer 12 mm lange maden*** leven in rottende stoffen (massaal bijvoorbeeld in stallen). Onder optimale omstandigheden ontstaat er om de twee tot drie weken een nieuwe generatie.

STOMOXYS CALCITRANS

J	F	M	A	M	J	J	A	S	O	N	D
			●	●	●	●	●	●	●		

Stalvlieg

Kenmerken L 6-8 mm. Lijkt behalve het grijze achterlijf en de naar ***voren gestrekte steeksnuit*** op een huisvlieg.

Voorkomen In open gebieden, vooral ***in landbouwgebieden.***

Wetenswaardigheden Waarschijnlijk hebt u zich ook wel eens verwonderd als u heftige pijn voelde vlak nadat een schijnbaar onschuldige huisvlieg op u was geland. U bent dan het slachtoffer geworden van een stalvlieg. De vliegen – zowel de mannetjes als de vrouwtjes – zijn ***bloedzuigers,*** maar kunnen bij het steken ook ziekten overbrengen. Vooral in de buurt van paardenstallen moet u dus uitkijken voor 'huisvliegen'.

SCATOPHAGA STERCORARIA

J	F	M	A	M	J	J	A	S	O	N	D
			●	●	●	●	●	●	●		

Strontvlieg

Kenmerken L 5-10 mm. Dicht ***goudgeel*** (mannetje) ***of groengeel*** (vrouwtje) behaard, lange poten en vleugels.

Voorkomen In landelijke gebieden op weilanden en bergweiden.

Wetenswaardigheden Strontvliegen zijn weliswaar ook vlijtige, nectar drinkende bezoekers van bloemen, maar ze vallen pas echt op op ***verse koeienvlaaien en paardenvijgen.*** Hier kunnen tientallen strontvliegen elkaar ontmoeten. Om te paren trekken ze zich terug op een grassprietje in de omgeving, daarna begeleidt het mannetje zijn vrouwtje weer naar de vlaai en weert andere mannetjes af, terwijl zij eitjes legt. De larven eten in de uitwerpselen en verpoppen zich, maar overwinteren daarna in de grond. Uitwerpselen trekken ook andere insecten aan. Als ze klein genoeg zijn, lopen ze het gevaar dat ze worden gevangen en opgegeten door de strontvliegen.

HUISVLIEG, ♀

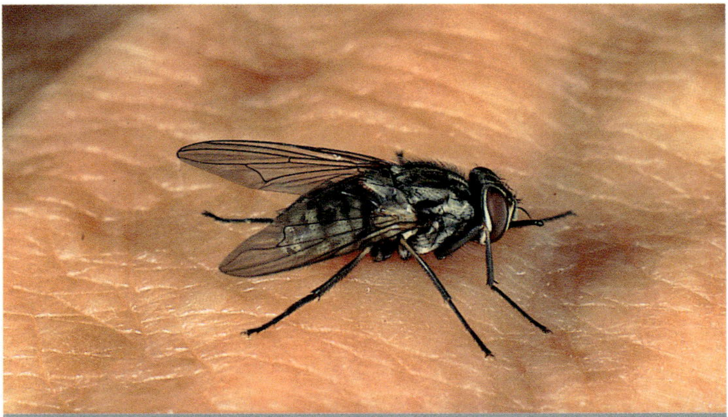
STALVLIEG

STRONTVLIEG, ♂

SARCOPHAGA CARNARIA

J	F	M	A	M	J	J	A	S	O	N	D
			●	●	●	●	●	●	●		

Dambordvlieg

Kenmerken L 13-18 mm. Zwart ***met opvallend, grijs vlekkenpatroon,*** zeer borstelig.

Voorkomen Komt, behalve in dichte bossen, overal veel voor. Komt ook vaak in woningen.

Wetenswaardigheden Dambordvliegen leggen hun 'voorgerijpte' eitjes, waaruit nadat ze zijn gelegd direct de maden komen, ***op vlees of aas.*** De maden maken het weefsel vloeibaar en verpoppen zich al na ongeveer één week. De tweede belangrijke voedselbron zijn ***regenwormen***. In dat geval worden de eitjes bij de ingang van hun ondergrondse tunnels gelegd. De larven hoeven de gastheren dan alleen maar te vinden, waarschijnlijk geleid door hun reukzin. Daar aangekomen boren ze zich een weg naar binnen en ontwikkelen zich daar verder.

LUCILIA CAESAR

J	F	M	A	M	J	J	A	S	O	N	D
			●	●	●	●	●	●	●		

Groene keizervlieg

Kenmerken L 7-12 mm. Compacte vlieg, opvallend ***metalig groen glanzend,*** rode ogen.

Voorkomen Komt veel voor, vooral in de buurt van woningen.

Wetenswaardigheden De vliegen gelden als ***'alleseters'*** en voeden zich enerzijds op bloemen, maar in de herfst ook vaker op gevallen fruit met suikerhoudend voedsel, anderzijds eten ze ook op uitwerpselen, vergane paddenstoelen en aas. Ze leggen hun eitjes niet alleen in kadavers, maar ook in wonden van levende dieren (myiasis). De larven, die zich uitsluitend voeden met afgestorven weefsel, worden soms ook bij mensen gebruikt bij slecht genezende wonden ('madentherapie').

LIPOPTENA CERVI

J	F	M	A	M	J	J	A	S	O	N	D
									●	●	

Hertenluisvlieg

Kenmerken L 5-6 mm. ***Erg plat gebouwd*** met sterke, zijwaarts uitstekende poten en lange vleugels.

Voorkomen In bossen met veel wild niet zeldzaam.

Wetenswaardigheden Luisvliegen zijn ***parasieten*** die laat in de herfst op zoek naar herten, reeën, dassen en wilde zwijnen door het bos vliegen en dan af en toe per ongeluk ook op het haar of de trui van een eenzame wandelaar landen. Als ze gevonden hebben wat ze zochten, ***stoten ze hun vleugels af,*** graven zich in de vacht in en zuigen bloed. Mensen worden meestal niet gestoken. De larven worden in het lijf van de moeder gevoed en pas geboren als ze vlak voor de verpopping staan.

DAMBORDVLIEG

GROENE KEIZERVLIEG

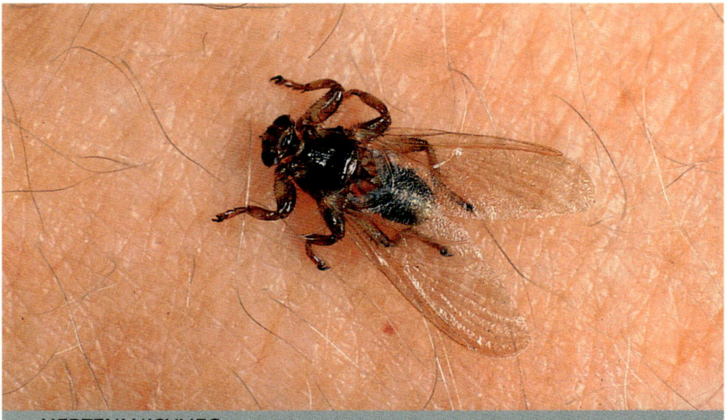

HERTENLUISVLIEG

Eendagsvlieg (of haft)

Kenmerken L 3-38 (meestal 6-12) mm. Slank, vleugels kunnen niet plat worden gelegd, ***voorvleugels groot en sterk geaderd,*** achtervleugels klein of zelfs ontbrekend, voelsprieten heel klein, 2 tot 3 ***staartdraden meestal langer dan het lijf.***

Voorkomen De meeste eendagsvliegen ***kunnen niet goed vliegen.*** Ze gaan bijna nooit ver uit de buurt van het water waarin de larven leven. De eisen aan de leefomgeving daarvan zijn zo verschillend dat ze kunnen worden gebruikt bij de beoordeling van de waterkwaliteit. In sterk vervuild water vind je vrijwel geen larven van eendagsvliegen.

Wetenswaardigheden De naam 'eendagsvlieg' kan slechts een beetje letterlijk worden genomen als u zich beperkt tot de imagines. In deze laatste levensfase gaat het inderdaad nog slechts om één ding: succesvolle voortplanting. Er is zelfs geen tijd om te eten; de monddelen zijn verschrompeld, de darmen gevuld met lucht. Tijdens de ***bruidsvlucht*** kunnen miljoenen eendagsvliegen gelijktijdig zwermen. De mannetjes van veel soorten hebben naast de normale ogen enorme, naar boven gerichte 'tulbandogen', om vrouwtjes die hun dansende zwerm binnenvliegen direct te kunnen ontdekken. Na de paring en het leggen van de eitjes volgt een snelle dood. De larvenfase duurt echter een paar maanden, in extreme gevallen zelfs wel drie jaar.
De larven van eendagsvliegen zijn te herkennen aan de 3 staartaanhangsels (er bestaat slechts één uitzondering) en de tracheekieuwen, die zich op de eerste 7 achterlijfsegmenten bevinden en dienen voor de ademhaling. Er kan onderscheid worden gemaakt tussen ***verschillende typen***. In stilstaand water komen zwemmers veel voor, die zich met snelle bewegingen van het achterlijf voortbewegen in open water. Ze kunnen zich op verschillende manieren onttrekken aan sterke stroming: sommige soorten leven ingegraven in zand of modder, andere kruipen zeer beweeglijk tussen stenen en blaadjes, weer andere klimmen door waterplanten. In snelstromende bergbeken klampen erg plat gebouwde larven zich met zijwaarts afstaande poten vast aan de rotsachtige ondergrond. Ze voeden zich met algen en verrotte plantaardige en dierlijke resten en zijn zelf ***een belangrijk onderdeel van de voedselketen:*** veel vissen eten vooral de larven van eendagsvliegen. Tijdens de groei vervellen de larven vaak. Iedere keer worden de vleugelschubben groter. Uiteindelijk klimt de larve uit het water en vervelt tot een gevleugeld insect met melkachtige vleugels, dat – uniek onder de insecten – nog een keer vervelt tot een geslachtsrijp imago. Op de foto is de ***meivlieg*** (*Ephemera danica*) te zien, een van de grootste inheemse soorten. Zijn larven graven zich met behulp van hun krachtige kaken en poten in zanderige grond in de buurt van de oever. Pas na twee jaar vervelt hij tot imago.

EENDAGSVLIEG

EENDAGSVLIEG, LARVE

PLECOPTERA

J F M A M J J A S O N D
(F M A M J J A S O N: ●)

Steenvlieg

Kenmerken L 3,5-30 mm. Langgerekt, meestal bruin (heel soms gelig) gekleurd, zachthuidig, met ***2 paar grote, plat op het lijf liggende vleugels,*** lange voelsprieten en 2 staartaanhangsels.

Voorkomen Volwassen steenvliegen zijn overdag vrij traag. Meestal zitten ze ***op bladeren langs de oever*** en vliegen slechts korte afstanden.

Wetenswaardigheden De mannetjes kloppen met het achterlijf op de grond om de aandacht te trekken van vrouwtjes. Als een vrouwtje antwoordt op deze ***trommelsignalen***, gaat het mannetje op zoek en blijft regelmatig trommelend contact maken om zijn doel te kunnen bereiken. De maximaal 30 mm lange ***larven van de steenvlieg*** onderscheiden zich van die van eendagsvliegen (bladzijde 118) op het eerste gezicht doordat ze in plaats van 3 slechts 2 staartdraden hebben. Ook ontbreken de tracheekieuwen op het achterlijf. U vindt ze tussen waterplanten en onder stenen. De meeste soorten voeden zich vegetarisch. Het voorkomen van veel steenvliegen is een duidelijk teken van schoon stromend water. Een bijzonder opvallende soort (omdat hij heel groot is) is *Perla marginata* met zijn spanwijdte van wel 64 mm. Hij komt vooral veel voor in natuurlijke, schone, koude beken in het middengebergte. Drie jaar lang jaagt zijn markant geel en bruin getekende larve in het water op larven van andere insecten, zoals eendagsvliegen (bladzijde 118) en dansmuggen voordat hij vervelt tot imago. Dat eet niet meer. Het leeft van de reserves die het als larve heeft opgeslagen en sterft na een succesvolle voortplanting twee weken later.

PANORPA COMMUNIS

J F M A M J J A S O N D
(M J J A: ●)

Schorpioenvlieg

Kenmerken L max. 18 mm, S max. 35 mm. Lange ***'snavel'***, mannetje met 'schorpioenstaart', ***gevlekte vleugels.***

Voorkomen Komt veel voor in de rand van bossen en hagen, vochtige weiden, maar ook in tuinen.

Wetenswaardigheden Het gevaarlijk uitziende achtereind van het mannetje is een grijporgaan, dat wordt gebruikt bij de paring. Voordat het zover is, mondt een uitvoerig ***baltsritueel*** van het mannetje uit in het overhandigen van een geschenk aan het vrouwtje, een stukje voedsel of eiwithoudend druppeltje, dat wordt uitgescheiden uit de speekselklieren. Schorpioenvliegen ***eten dode of verzwakte insecten,*** die ze vaak door kruimeldiefstal uit spinnenwebben stelen. Het voedsel wordt door een verteringssap vloeibaar gemaakt en dan opgezogen.

STEENVLIEG

STEENVLIEG, *PERLA MARGINATA*, LARVE

SCHORPIOENVLIEG, ♂

MANTIS RELIGIOSA

J	F	M	A	M	J	J	A	S	O	N	D
							•	•	•	•	

Bidsprinkhaan

Kenmerken L mannetje 40-60 mm, vrouwtje 50-75 mm. Bruin of (meestal) groen, ***driehoekige kop*** op lange 'hals', ***vangpoten.***

Voorkomen In struikgewas en droge grasvelden enkel ***in bijzonder warme gebieden.***

Wetenswaardigheden In het gebied rond de Middellandse Zee komen bidsprinkhanen veel voor, in Midden-Europa lijken ze zich, door de verandering van het klimaat, tegenwoordig uit te breiden. De goed gecamoufleerde, erg snel reagerende ***insectenjagers*** zijn vooral berucht vanwege hun meedogenloze geslachtsdaad. Vaak laat het mannetje het leven als het vrouwtje er genoeg van heeft en wordt hij opgegeten. Evolutiebiologen zien dat heel gewoon als 'vaderlijke investering'. Een goed gevoed vrouwtje geeft de volgende generatie een goede start. De eitjes worden in een ongeveer 2 cm grote cocon op beschutte plekken gelegd en overwinteren. De larven komen laat in het voorjaar uit.

ECTOBIUS LAPPONICUS

J	F	M	A	M	J	J	A	S	O	N	D
				•	•	•	•	•	•		

Noordse kakkerlak

Kenmerken L 7-11 mm. Bruin, ***plat,*** zeer lange voelsprieten.

Voorkomen Komt veel voor in bos(randen), struikgewas en tuinen.

Wetenswaardigheden U kunt Noordse kakkerlakken het beste in alle rust bekijken als ze op een koele, maar zonnige morgen langs de rand van het bos scharrelen. Ze zitten dan ***op bladeren*** in de zon en warmen zich. Verder lijken ze vaak heel druk, ze lopen heel snel en vliegen ook goed. De voelsprieten van de insecten die vooral leven van rottende planten zijn voortdurend in beweging. Het vrouwtje draagt de eitjes in een van afscheiding gemaakt ***eizakje*** twee weken in haar achterlijf, voordat ze ze goed verborgen neerlegt.

BLATTA ORIENTALIS

J	F	M	A	M	J	J	A	S	O	N	D
•	•	•	•	•	•	•	•	•	•	•	•

Oosterse kakkerlak

Kenmerken L 20-25 mm. Zwartbruin, met krachtige poten en lange voelsprieten, vrouwtje met vleugelstompjes.

Voorkomen In Midden-Europa ***alleen in gebouwen,*** kwam vroeger vaker voor.

Wetenswaardigheden De slechte naam die ***kakkerlakken*** hebben danken ze hoofdzakelijk aan deze soort, die de mens als cultuurvolger over de hele wereld is gevolgd. De voornamelijk ***nachtactieve*** kakkerlakken voeden zich met allerlei huishoudelijk afval – geen wonder dat ze vooral houden van keukens en bakkerijen! Zodra het licht aangaat, spurten de insecten met verbazingwekkende snelheid naar hun schuilplaatsen.

BIDSPRINKHAAN

NOORDSE KAKKERLAK, COPULATIE

OOSTERSE KAKKERLAK, ♀

CICADETTA MONTANA

J	F	M	A	M	J	J	A	S	O	N	D
				•	•						

Bergcicade

Kenmerken L 23-28 mm, S max. 52 mm. Compact lijf, lange, ***sterk geaderde, glasheldere vleugels.***

Voorkomen In warme ***droge hellingen*** met veel struiken (zuiden).

Wetenswaardigheden Een luid, dan zachter wordend ***zoemend geratel*** verraadt de in de struiken zittende bergcicaden. Vogelsoorten die heel erg op elkaar lijken, kunnen vaak beter aan hun geluiden dan aan het verenkleed worden onderscheiden. Zo ook in dit geval: pas kort geleden werd duidelijk dat achter de 'bergcicade' meerdere soorten verscholen gaan. De eitjes worden door de vrouwtjes in de schors gelegd, maar de ***larven ontwikkelen zich in de grond*** en eten daar gedurende een paar jaar wortels. Voordat ze voor de laatste keer gaan vervellen, kruipen ze langs plantenstengels omhoog. De afgeworpen huid (exuvium) is heel stevig en laat de sterke graafpoten van de larve zien.

CERCOPIS VULNERATA

J	F	M	A	M	J	J	A	S	O	N	D
				•	•	•	•				

Bloedcicade

Kenmerken L 9-11 mm. Zwart, 3 opvallend rode banden.

Voorkomen Komt vooral veel voor in de kruidenlaag van weilanden en langs bosranden.

Wetenswaardigheden Dit insect ziet u vrijwel niet op bloemen. Cicaden voeden zich niet met pollen en nectar, maar met plantensappen, die ze met behulp van hun spitse steeksnuit direct uit de vaten halen. Bloedcicaden zijn niet kieskeurig en ***zuigen aan veel plantensoorten***, de larven onder de grond aan wortels, de imagines aan stengels. Drie dingen beschermen het opvallende, maar slecht smakende insect: zijn ***alarmerende kleur***, bij gevaar de afgifte van onaangenaam ruikend bloed aan de toppen van de poten en in geval van nood een enorme sprong.

PHILAENUS SPUMARIUS

J	F	M	A	M	J	J	A	S	O	N	D
						•	•	•	•		

Schuimbeestje

Kenmerken L 5-7 mm. ***Kleur erg variabel*** met bruine, rode, grijze en zwarte tekening.

Voorkomen Komt overal op weiden zeer veel voor, aan meer dan 170 plantensoorten zuigend.

Wetenswaardigheden De kinderkamers zijn u vast wel eens opgevallen. Het zijn de als ***'koekoeksspuug'*** bekendstaande witte schuimdruppels die meestal afzonderlijk tussen blad en stengel hangen, maar soms ook zijn samengesmolten tot grote klonters. Daarbinnen vindt u de aan de stengels zuigende larven. Het zelfgemaakte schuimnest verbergt hen voor vijanden en beschermt hen tegen uitdroging.

BERGCICADE

BLOEDCICADE

SCHUIMBEESTJE, LARVE

SCHUIMBEESTJE

GRAPHOCEPHALA FENNAHI J F M A M J J A S O N D

Rhododendroncicade

Kenmerken L 8-9 mm. Fel ***groen met rode lengtestrepen.***

Voorkomen Gebonden aan ***rhododendrons.***

Wetenswaardigheden De kleurrijke cicade die graag springt en vliegt, is afkomstig uit Noord-Amerika en werd ***met de rhododendron naar Europa geïmporteerd.*** Hij wordt niet graag gezien door tuinders. Schadelijk zijn niet zozeer de aan de bladeren zuigende insecten zelf. Deze snijden echter in de nazomer en herfst gleuven in de knopschubben om eitjes te leggen. Daardoor kunnen parasitaire schimmels binnendringen, die knoprot veroorzaken. Eind april/begin mei komen de larven uit.

PHAEOSTIGMA NOTATA J F M A M J J A S O N D

Kameelhalsvlieg

Kenmerken L 13-15 mm. ***Lange 'hals',*** vleugels sterk geaderd, doorzichtig. Vrouwtje met lange, beweeglijke legboor.

Voorkomen In bossen, maar ook in parken en tuinen. Komt bijzonder veel voor in bergbossen.

Wetenswaardigheden De vrouwtjes leggen eitjes in scheuren in boomschors. De larven maken onder de schors twee jaar ***jacht op andere insecten*** of larven (van bijvoorbeeld schorskevers zoals de letterzetter, bladzijde 60). Deze roofzuchtige leefwijze houden ze ook als volwassenen. Dan zijn het vooral bladluizen, die worden gevangen met hun scherpe kaken, maar ook andere insecten en spinnen. Kameelhalsvliegen zijn vaker te vinden op bladeren en stapels hout dan op bloemen.

SIALIS LUTARIA J F M A M J J A S O N D

Slijkvlieg (of elzenvlieg)

Kenmerken L 10-15 mm, S max. 35 mm. Donker gekleurde, dakvormig gehouden, ***sterk geaderde vleugels***, die langer zijn dan het lijf, lange dunne voelsprieten.

Voorkomen Komt erg veel voor ***op oeverplanten*** in de directe omgeving van langzaam stromend en stilstaand water.

Wetenswaardigheden Ondanks hun grote vleugels vliegt de slijkvlieg niet graag, hij zit meestal lui op bladeren. De vrouwtjes leggen hun eitjes in een compact tapijtje op bladeren of stengels. De ***larven vallen in het water*** en zwemmen eerst; later graven ze zich in de modder in. Ze vangen andere insectenlarven of wormen en worden zelf graag gegeten door vissen. Twee jaar later verlaten ze het water, graven zich in aan land en verpoppen.

RHODODENDRONCICADE

SOORT KAMEELHALSVLIEG, ♀

SLIJKVLIEG

CHRYSOPERLA CARNEA

J	F	M	A	M	J	J	A	S	O	N	D
•	•	•	•	•	•	•	•	•	•	•	•

Groene gaasvlieg (of goudoogje)

Kenmerken L 10-15 mm, S max. 30 mm. Groen, teer, met lange, ***doorzichtige, groen geaderde vleugels.***

Voorkomen Komt overal zeer veel voor. Cultuurvolger.

Wetenswaardigheden De slanke ***larven*** met de gevaarlijk naar voren gestrekte kaken zijn echte roofdieren. Ze spelen een belangrijke rol bij de ***biologische bestrijding van schadelijke insecten*** en worden massaal gekweekt. De eitjes zitten in rijen op hoge stelen, meestal bij kolonies bladluizen, zodat het voedsel al klaarstaat. In de herfst worden de groene gaasvliegen bruin en verdwijnen ze in winterschuilplaatsen (ook in woningen), in het voorjaar worden ze weer groen.

MYRMELEON FORMICARIUS

J	F	M	A	M	J	J	A	S	O	N	D
				•	•	•	•				

Mierenleeuw

Kenmerken L 35 mm, S 60-80 mm. ***Libelachtig,*** maar gemakkelijk daarvan te onderscheiden door langere voelsprieten, vleugels die tegen het lijf kunnen worden gelegd en onbeholpen vliegstijl.

Voorkomen In arme open gebieden en droge, lichte bossen met zanderige bodem. Komt niet veel voor.

Wetenswaardigheden De larve verbergt zich in de grond in een zelfgegraven trechter (doorsnede ongeveer 5 cm) en zijn aanwezigheid blijkt alleen als er een mier in de trechter terechtkomt. Dan gooit hij net zo lang met zand, tot de wegglijdende prooi binnen het bereik van zijn kaken komt. Als u op die plek graaft, vindt u de ongeveer 1 cm grote, bruine ovaal gewelfde leeuw, die direct met schokkende bewegingen van zijn achterlijf weer in de grond verdwijnt.

LIBELLOIDES COCCAJUS

J	F	M	A	M	J	J	A	S	O	N	D
				•	•	•					

Gewone vlinderhaft

Kenmerken L 30 mm, S 45-55 mm. ***Zwartgeel, sterk geaderde vleugels,*** lange voelsprieten met 'eindknop'.

Voorkomen Op ***warme droge hellingen***. Zeldzaam.

Wetenswaardigheden Als hij zijn vleugels dakvormig neerlegt, ziet u de verwantschap met andere netvleugeligen zoals gaasvliegen en mierenleeuwen. Ook zijn larve is een typische mierenleeuw (zie boven), maar bouwt geen trechters. Pas als de vlinderhaft zijn vleugels opent, begrijpt u zijn naam. In de volle zon ***fladdert hij voortdurend heen en weer*** en jaagt achter vliegende insecten aan, waarmee hij zich voedt. De schaduw van een enkele wolk is vaak al genoeg om hem uit beeld te laten verdwijnen.

GAASVLIEG, LARVE

GROENE GAASVLIEG

MIERENLEEUW, LARVE

MIERENLEEUW

VLINDERHAFT

TRICHOPTERA J F M A M J J A S O N D

Schietmot

Kenmerken L 3-68 mm (meestal 8-20 mm). Meestal onopvallend bruin gekleurd, met ***fijn behaarde vleugels***, die in rust dakvormig worden gehouden en langer zijn dan het achterlijf, voelsprieten fijn, zeer lang en meestal naar voren gestrekt.

Voorkomen Bijna alle schietmotten hebben in het water levende larven; daarom vind je ook de imagines ***vooral in de buurt van water***.

Wetenswaardigheden Schietmotten worden vaak verward met nachtvlinders, omdat ze ook aangetrokken door het licht een kamer binnenvliegen en rondom lampen fladderen. Overdag zijn ze minder actief en zitten ze meestal op bladeren langs de oever. Hun wetenschappelijke naam (*Trichoptera* = behaarde vleugel) is goed gekozen. De larven worden ook wel ***kokerjuffers*** genoemd: ze leven inderdaad in een koker die ze zelf bouwen. Alleen kop en poten steken uit het zowel ***beschermende als camouflerende omhulsel***, dat (afhankelijk van soort en/of leeftijd van de larve) wordt gemaakt van stukjes plant, zand, kleine steentjes en andere materialen. Het wordt bij elkaar gehouden met spindraden die door de larve worden gemaakt in grote spinklieren. De koker is een voortdurende bouwplaats. Aan de voorkant wordt nieuw materiaal bevestigd – goed te zien op de onderste foto – aan de achterkant valt het eraf. Het achterste uiteinde is bij veel bouwtypen niet gesloten, zodat een voortdurende stroom water het dier voorziet van zuurstof. De ***tracheekieuwen*** zitten namelijk aan het achterlijf, dus in de koker. Krachtige haken aan de punt van het achterlijf helpen bij de voortbeweging en voorkomen afdrijven.
Toch worden larven natuurlijk regelmatig stroomafwaarts gedreven, vooral bij krachtig hoog water. Net zoals bij veel insecten met in het water levende jeugdstadia vliegen de imagines daarom een eind stroomopwaarts voordat ze eitjes leggen.
Sommige soorten bouwen geen harde kokers, maar ***losse spinbuizen.*** Andere leven ***volledig onbehuisd*** en voeden zich vooral jagend, weer andere gebruiken het vermogen om te spinnen net zoals spinnen: ze vormen ***kleine webjes*** waarin het door de stroming aangedreven plankton blijft hangen! Maar niet alle larven zijn rovers. Vele grazen vreedzaam algengroei af of voeden zich met organische resten. Rechtsboven is een van de 30 inheemse soorten van het geslacht *Limnephilus* afgebeeld. Met zijn opvallende vleugeltekening is hij een van de meest kleurige in de egaal bruine wereld van de schietmotten. *Limnephilus*-soorten leggen hun eitjes, verpakt in dril, boven water op takken en bladeren. Als het regent zwellen de legsels op en vallen de larven in het water. Daar beginnen ze direct met het bouwen van een koker, die het zachte achterlijf beschermt. Afhankelijk van het aanbod aan bouwmaterialen worden steentjes, slakkenhuizen (ook nog bewoonde) en stukjes stengel van planten gebruikt.

SCHIETMOT

KOKERJUFFER IN STENEN KOKER

KOKERJUFFER IN PLANTAARDIGE KOKER

FORMICA RUFA

J	F	M	A	M	J	J	A	S	O	N	D
		●	●	●	●	●	●	●	●		

Behaarde rode bosmier

Kenmerken L 4-9 mm (werkster), 9-11 mm (koningin). Kop en achterlijf overwegend zwart, ***borst roodbruin.***

Voorkomen Komt veel voor in niet te dichte, ***zonnige bossen***.

Wetenswaardigheden De klassieke, tot meer dan 1 m hoge en meestal uit dennennaalden bestaande ***mierenhopen*** zijn het werk van deze mieren. Ze worden gebouwd en bewoond door enorm veel koninginnen – alleen zij leggen eitjes – en hun dochters, de werksters. Een groot mierenvolk kan uit wel een miljoen dieren bestaan, die in de verre omgeving rondzwerven en vooral leven van insecten, waaronder ook vele die schadelijk zijn voor het bos. In de zomer zwermen de ***gevleugelde koninginnen*** die na de bruidsvlucht en paring – één keer is al voldoende voor het hele leven dat wel twintig jaar kan duren! – hun vleugels afwerpen. Daarna zoeken ze een nest van de grauwzwarte mier (Formica fusca), doden de koningin en laten hun eigen broedsel verzorgen door de vreemde werksters.

LASIUS NIGER

J	F	M	A	M	J	J	A	S	O	N	D
		●	●	●	●	●	●	●	●	●	

Zwartbruine wegmier

Kenmerken L 3-5 mm (werkster), 8-9 mm (koningin). Donkerbruin tot zwart, dicht zilverachtig behaard.

Voorkomen Een van de ***meest voorkomende mierensoorten*** in bossen, open terrein, tuinen, onder wegen, in muurspleten en zelfs in woningen.

Wetenswaardigheden De ***nesten zitten meestal onder de grond*** onder stenen of hout. Vooral 's nachts zijn de mierenpaden druk bevolkt. Ze leiden meestal naar bladluiskolonies, die worden verzorgd als melkkoeien en ook naar nieuwe 'weidegronden' worden gedragen. De mieren voeden zich met de suikerhoudende afscheiding (honingdauw) van de bladluizen.

LASIUS FLAVUS

J	F	M	A	M	J	J	A	S	O	N	D
		●	●	●	●	●	●	●	●		

Gele weidemier

Kenmerken L 2-5 mm (werkster), 7-9 mm (koningin). Lichtgeelbruin.

Voorkomen Komt erg veel voor in open terrein ***op weiden,*** maar ook in tuinen in het gras.

Wetenswaardigheden Op droge weiden gaan de mieren over op bouwen onder de grond. Op vochtige weiden bouwen ze echter hoge, ***met gras doortrokken aardheuvels.*** Belangrijkste voedingsbron is de honingdauw van (ook ondergronds levende) wortelluizen.

BEHAARDE RODE BOSMIER

BEHAARDE RODE BOSMIER, HOOP

ZWARTBRUINE WEGMIER

GELE WEIDEMIER

CAMPONOTUS LIGNIPERDUS

J	F	M	A	M	J	J	A	S	O	N	D
			•	•	•	•	•	•	•		

Gewone reuzenmier

Kenmerken L 6-14 mm (werkster), 16-18 mm (koningin). ***Grootste inheemse mier***, kop en achterlijf glanzend zwart, borst roodbruin.

Voorkomen Komt veel voor in zonnig gemengd loofbos, struikgewas en droog gras.

Wetenswaardigheden Gewone reuzenmieren maken hun nest ofwel onder stenen of ze knagen het uit ***in afgestorven stronken***, die worden doortrokken met een uitgestrekt systeem van kamers. Bij gevaar alarmeren ze hun nestgenoten met snelle klopsignalen, door met kaken en achterlijf tegen de dunne wandjes te slaan. De kaken van de reuzenmier zijn zeer indrukwekkend en ze aarzelen ook niet ze te gebruiken als ze zich bedreigd voelen. Op zoek naar voedsel vangen ze in een straal van 40 m andere insecten, 'oogsten' honingdauw bij bladluizen en likken plantensap.

FORFICULA AURICULARIA

J	F	M	A	M	J	J	A	S	O	N	D
•	•	•	•	•	•	•	•	•	•	•	•

Gewone oorworm

Kenmerken L 10-16 mm. ***Tangen aan het achterlijf,*** vooral bij mannetje sterk ontwikkeld (max. 9 mm lang).

Voorkomen Komt overal veel voor.

Wetenswaardigheden De ***erg korte dekvleugels*** bedekken de complex gevouwen vliesachtige achtervleugels, die met behulp van de tangen ook kunnen worden opengevouwen. Het vliegen gaat echter niet zo best. Oorwormen zijn daarentegen te voet des te wendbaarder. Ze zijn voornamelijk ***'s nachts actief*** en eten zowel kleine diertjes, zoals bladluizen, als tere plantjes. Oorwormmoeders zijn zeer zorgzaam. Ze likken hun legsel als dat dreigt te verschimmelen en verzorgen hun kinderen vele weken in het ondergrondse nest.

LIMOTHRIPS CEREALIUM

J	F	M	A	M	J	J	A	S	O	N	D
			•	•	•	•	•				

Kleine graantrips

Kenmerken L 1-2 mm. Zeer slank, zwart, vleugels bestaande uit haren (de foto toont een andere tripssoort).

Voorkomen In grote ***graanvelden*** en omgeving.

Wetenswaardigheden Vooral op zwoelwarme dagen vliegen de heel kleine insecten (***'onweersbeestjes'***) vaak in grote hoeveelheden als 'luchtplankton' en kunnen dan heel vervelend worden. Ze zijn zo klein dat ze, aangetrokken door het licht, in platte beeldschermen kunnen kruipen! Hun ***stekende monddelen*** waarmee ze aan planten zuigen, worden ook uitgeprobeerd op mensen en veroorzaken ernstige jeuk.

GEWONE REUZENMIER

GEWONE OORWORM, ♂ (ONDER) EN ♀ (BOVEN)

TRIPS

APHIS SAMBUCI

J	F	M	A	M	J	J	A	S	O	N	D
				●	●	●	●	●			

Vlierbladluis

Kenmerken L 2-3,5 mm. Rond, grijsgroen tot zwart, met ***grijze wasstrepen***.

Voorkomen Op ***vlier***. Komt zeer veel voor.

Wetenswaardigheden In het voorjaar bouwen de bladluizen zeer snel grote populaties op, die de verse groene takken van de vlier omhullen met een zwarte mouw. Ze bestaan alleen uit vrouwtjes, die zich vermeerderen door ***ongeslachtelijke voortplanting.*** De luizen scheiden grote hoeveelheden honingdauw af – als u uw auto in die periode onder een vlier parkeert, krijgt die in één nacht een suikerlaagje. De ***honingdauw*** trekt ook veel mieren aan. Op de luizen zelf wordt gejaagd door de larven van lieveheersbeestjes (bladzijde 42), gaasvliegen (bladzijde 128) en zweefvliegen (bladzijde 108).

ERIOSOMA LANIGERUM

J	F	M	A	M	J	J	A	S	O	N	D
●	●	●	●	●	●	●	●	●	●	●	●

Appelbloedluis

Kenmerken L 1,2-2,5 mm. Purperbruine, ***met wasdraden bedekte bladluizen.***

Voorkomen Komt veel voor, vooral ***op appelbomen.***

Wetenswaardigheden Op het eerste gezicht vermoed je niet dat er diertjes zitten onder de wollige, witte aanslag die zich uitbreidt op ***beschadigde schors van takken en uitlopers.*** Als u probeert de wattenbol van de tak te halen, komt er bloedrood sap uit – vandaar de naam bloedluis. Sterke aantasting kan de boom duidelijk beïnvloeden. De appelbloedluizen overwinteren meestal als larve tussen de wortels en komen eind maart boven de grond. De vrouwtjes brengen zonder mannelijke bijdrage meer dan 100 jongen ter wereld; bij goed weer ontstaan er meer dan 10 generaties per jaar.

TRIALEURODES VAPORARIORUM

J	F	M	A	M	J	J	A	S	O	N	D
●	●	●	●	●	●	●	●	●	●	●	●

Kaswittevlieg

Kenmerken L 1-2 mm, S 5 mm. ***Heel klein, wit***, met was bedekte, dakvormige vleugels.

Voorkomen Komt vooral voor ***in kassen en woningen***. Overwintering buiten niet mogelijk.

Wetenswaardigheden In de commerciële teelt van groente (vooral tomaten) en sierplanten veroorzaken de uit Midden-Amerika binnengekomen vliegen veel schade en ze worden zowel chemisch als biologisch met behulp van parasitaire sluipwespen bestreden. De vrouwtjes leggen slechts weinig eitjes, maar wel iedere dag. De larven beginnen direct ***plantensap te zuigen***. Bij zomerse temperaturen gaat er ongeveer één maand voorbij, voordat ze zelf eitjes leggen.

VLIERBLADLUIS

APPELBLOEDLUIS

KASWITTE VLIEG

PODURA AQUATICA

J	F	M	A	M	J	J	A	S	O	N	D
•	•	•	•	•	•	•	•	•	•	•	•

(Water)springstaart

Kenmerken L meestal 1-4 mm. ***Vleugelloos,*** veel soorten met springvork aan het achterlijf, waarmee ze ***weg kunnen springen***.

Voorkomen In veel verschillende habitats, meestal in de grond.

Wetenswaardigheden Springstaarten behoren tot de meest voorkomende insecten. Onder 1 m^2 bosgrond kunnen er wel 100.000 rondscharrelen. Het zijn belangrijke ***afbrekers van de strooisellaag***. Daarom kent u de heel kleine, langwerpige insecten met hun enorme springvermogen misschien wel uit de bloempotten thuis. Andere soorten zitten zelfs op ***het wateroppervlak***. De zwarte waterspringstaart (foto) is er soms zelfs in zulke hoeveelheden dat hij ondanks zijn 'grootte' van slechts 1-1,5 mm toch opvalt. De soort voedt zich met drijvende algen en stuifmeel.

MACHILIDAE

J	F	M	A	M	J	J	A	S	O	N	D
•	•	•	•	•	•	•	•	•	•	•	•

Steenspringer

Kenmerken L 9-23 mm; lichaam dicht beschubd en metalig glanzend, ***vleugelloos,*** lange voelsprieten en ***3 lange staartaanhangsels.***

Voorkomen ***Op rotsen en tussen keien***. Wijd verspreid.

Wetenswaardigheden De ***voornamelijk nachtactieve*** steenspringers zijn vanwege hun ***perfecte camouflage*** ook niet gemakkelijk te ontdekken als ze hun schuilplaats in rotsspleten en onder stenen overdag verlaten. Ze bewegen zich schoksgewijs. Als ze zich bedreigd voelen, verdwijnen ze met grote sprongen. Hun voedsel bestaat voornamelijk uit korstmos en algen.

LEPISMA SACCHARINA

J	F	M	A	M	J	J	A	S	O	N	D
•	•	•	•	•	•	•	•	•	•	•	•

Zilvervisje

Kenmerken L 7-11 mm. Zilvergrijs, geschubd, gestroomlijnd, ***vleugelloos,*** lange voelsprieten en ***3 staartdraden***.

Voorkomen Vooral in vochtige ***woningen.***

Wetenswaardigheden Wie zelf niet 's nachts actief is, zal heel zelden zilvervisjes tegenkomen. Ze verdwijnen direct in een spleet zodra het licht aangaat. Zilvervisjes zijn bescheiden beestjes, die lang zonder eten kunnen. Ze reageren wel gevoelig op een lage luchtvochtigheid. Als ze niet in grote aantallen voorkomen, zijn het volledig ***onschuldige (bijna) alleseters,*** die door het eten van schimmels en huisstofmijten zelfs heel nuttig zijn.

(WATER)SPRINGSTAART: ZWARTE WATERSPRINGSTAART

STEENSPRINGER

ZILVERVISJE

PHOLCUS PHALANGIOIDES

J F M A M J J A S O N D

Grote trilspin

Kenmerken L 7-12 mm. Zeer lange poten.

Voorkomen ***Komt in woningen veel voor***. Bij een gezond binnenklimaat niet alleen in de kelder.

Wetenswaardigheden Wie geen spinnenfobie heeft, heeft in de trilspin in de slaapkamer een goede assistent bij de bestrijding van muggen. Hij bouwt zijn ***slordige web*** meestal in de bovenhoeken van de kamer. Hoewel hij er tenger uitziet, overweldigt hij zelfs grote prooien, bijvoorbeeld huisspinnen. Als hij zich bedreigd voelt, laat hij het web ***snel trillen*** waardoor hij 'onzichtbaar' wordt. Het vrouwtje sleept de ongeveer 20 eitjes in een roze pakketje wekenlang mee tot de jonge spinnetjes uitkomen. Trilspinnen kunnen drie jaar oud worden.

ARANEUS DIADEMATUS

J F M A M J J A S O N D

Kruisspin

Kenmerken L 5-10 mm (mannetje), 12-18 mm (vrouwtje). ***Kleur variabel*** geel tot zwartbruin, ***witte kruistekening.***

Voorkomen Komt veel voor, zowel in lichte bossen als in de tuin.

Wetenswaardigheden De spin zit meestal ***midden in zijn ronde web.*** Als er insecten aan de kleverige draden blijven hangen, is hij bliksemsnel bij zijn prooi, vergiftigt die met een beet en verpakt hem geroutineerd. Als hij verzadigd is, blijft het pakketje hangen als voorraad en als hij honger heeft, begint hij direct met zijn maaltijd. De voorvertering vindt buiten het lichaam plaats, zodat de prooi alleen nog hoeft te worden leeggezogen. De kleine mannetjes melden zich door treksignalen bij het web, zodat hen niet hetzelfde lot treft.

ARGIOPE BRUENNICHI

J F M A M J J A S O N D

Wespspin

Kenmerken L 4-6 mm (mannetje), 14-20 mm (vrouwtje). Door de ***opvallende wespentekening*** gemakkelijk te herkennen.

Voorkomen In zonnige bermen, droog gras en braakliggend terrein.

Wetenswaardigheden De vroeger vrij zeldzame spin breidt zich sterk uit naar het noorden. Zijn ***ronde web heeft een loodrechte versterkingszone***, de spin zit daar middenin. Ondanks zijn grootte en kleurige tekening valt hij niet erg op. In het stevige web blijven veel grote insecten steken, zoals sprinkhanen, bijen, wespen en zelfs libellen. De ***paring*** is voor het kleine mannetje zeer riskant; in veel gevallen verliest hij zijn leven (of op z'n minst een poot). Vanaf eind augustus legt het vrouwtje eitjes in een ***bruine zijden bal***, waarin de jonge spinnetjes ook overwinteren.

GROTE TRILSPIN

KRUISSPIN

WESPSPIN

LINYPHIA TRIANGULARIS

J	F	M	A	M	J	J	A	S	O	N	D
							●	●	●		

Herfsthangmatspin

Kenmerken L 5-7 mm. Voorlijf lichtbruin met zwarte stemvorktekening. ***Achterlijf met bruine zigzagstrepen in de lengte.***

Voorkomen Weinig gespecialiseerd en komt zeer veel voor in bossen, weiden en tuinen.

Wetenswaardigheden In de ochtenddauw van een herfstmorgen wordt duidelijk hoe vaak deze grootste van de vele inheemse hangmatspinnen eigenlijk voorkomt. Overal ziet u zijn dichtgesponnen ***horizontale webplatformen.*** Daarboven is het luchtruim doortrokken van verward gesponnen draden die vliegende insecten ten val brengen in het daaronder liggende web.

TEGENARIA ATRICA

J	F	M	A	M	J	J	A	S	O	N	D
●	●	●	●	●	●	●	●	●	●	●	●

Huisspin

Kenmerken L 10-18 mm. Zwart met lichtbruine tekening.

Voorkomen Komt veel voor in ***kelders van woningen,*** op droge stapelmuren en rotsen.

Wetenswaardigheden Voor veel mensen is dit echt de horrorspin. Met zijn lange harige poten en schoksgewijze manier van voortbewegen, voldoet hij aan alle clichés. Meestal zit de spin ***overdag onzichtbaar in de woonbuis*** van zijn in een hoek gebouwde trechterweb. Hij verlaat die ook 's nachts alleen op zoek naar betere jachtgronden of een partner. Daarbij zijn de (kleinere) mannetjes actiever. Omdat ze zonder reddingsdraad lopen en langs gladde muren naar beneden glijden, kunt u ze 's morgens ***hulpeloos in de badkuip*** aantreffen. Laat ze vrij in de kelder en u hebt maximaal zeven jaar lang een assistent tegen insecten en pissebedden.

PARDOSA LUGUBRIS

J	F	M	A	M	J	J	A	S	O	N	D
		●	●	●	●	●	●	●	●		

(Zwartstaart)boswolfspin

Kenmerken L 5-7 mm. Voorlijf donker met lichtbruine strepen in het midden.

Voorkomen Komt zeer veel voor op gevallen bladeren in lichte bossen, zonnige bermen, droog gras en in tuinen.

Wetenswaardigheden De boswolfspin is een ***loerjager.*** Van zijn 8 ogen zijn er 4 heel groot en geven hem een goed overzicht. Als hij een op de grond levend insect ontdekt, slaat hij bliksemsnel toe. Vanaf eind mei lopen veel vrouwtjes rond met een grote ***eicocon***, die aan de spintepel onder het achterlijf blijft zitten tot de jongen uitkomen. Daarna rijden ze nog een paar dagen mee op de moeder tot de eerste vervelling.

HERFSTHANGMATSPIN, WEB

HERFSTHANGMATSPIN

HUISSPIN

BOSWOLFSPIN MET EICOCON, ♀

PISAURA MIRABILIS J F M A M J J A S O N D

Grote wolfspin (of kraamwebspin)

Kenmerken L 10-15 mm. Lichtbruin met smalle lengtestrepen op het voorlijf, lange poten, achterlijf spits.

Voorkomen Komt vooral veel voor in de ***kruidenvegetatie in zonnige habitats***, zoals bosranden, droog gras, maar ook tuinen.

Wetenswaardigheden De grote wolfspin behoort tot de roofspinnen en ***jaagt zonder net.*** Op koele dagen zit hij graag op bladeren in de zon. Voor de paring geven de mannetjes hun uitverkorene een ***huwelijksgeschenk,*** een net gedood en ingesponnen insect. De paring wordt voltrokken terwijl het vrouwtje eet – voor het mannetje een 'levensverzekering', want spinnenvrouwtjes gaan niet altijd even zachtzinnig om met hun partner. Het vrouwtje draagt de eicocon twee weken met haar kaken en spint dan een webkoepel waaronder de jongen uitkomen en hun eerste dagen doorbrengen.

MISUMENA VATIA J F M A M J J A S O N D

Krabspin (of kameleonspin)

Kenmerken L 3-5 mm (mannetje), 7-10 mm (vrouwtje). ***Krabvorm*** met lange poten en dik achterlijf.

Voorkomen Komt veel voor in zonnige bosranden, weiden met veel bloemen, maar ook in tuinen.

Wetenswaardigheden De spin zit met open armen op bloemen en loeren op prooi – vliegen, bijen, vlinders. Deze vliegen meestal argeloos naar hem toe, want de spin is nauwelijks te zien. Hij ***kan zijn kleur namelijk aanpassen aan de ondergrond*** en daarom wit, geel of zelfs groen zijn.

SALTICUS SCENICUS J F M A M J J A S O N D

Huiszebraspin (of zebraspringspin)

Kenmerken L 5-7 mm. Compact, vrij korte poten, ***zebratekening.***

Voorkomen Komt veel voor in gebouwen, muren en rotsen.

Wetenswaardigheden Springspinnen hebben 2 enorme, naar voren gerichte ogen (de overige 6 ogen zijn kleiner en zitten deels aan de zijkant, zodat u de spin bijna niet onopgemerkt kunt benaderen). Springspinnen bewegen zich ook op loodrechte huismuren in ***kleine schoksgewijze sprongen.*** Bij de jacht op vliegen of kleine spinnen houden ze hun prooi eerst goed in het oog en benaderen hem behoedzaam om dan met een snelle sprong zeer nauwkeurig toe te slaan – maar niet zonder van tevoren een ***veiligheidsdraad*** tegen de dreigende val te hebben vastgemaakt.

GROTE WOLFSPIN MET EICOCON, ♀

KRABSPIN

HUISZEBRASPIN

OPILIO CANESTRINII

J	F	M	A	M	J	J	A	S	O	N	D
					●	●	●	●	●	●	●

Rode hooiwagen

Kenmerken L 4-6 mm (mannetje), 5-8 mm (vrouwtje); lijf klein, bruin met lichte dwarse strepen, ***dunne, erg lange poten.***

Voorkomen Komt veel voor in kruiden- en struikenlaag van bossen, maar ook in tuinen en op huismuren.

Wetenswaardigheden Hooiwagens hebben een zeer compact, klein lijf. De dunne ***poten breken gemakkelijk af*** en trekken dan nog een tijdje; dat kan vijanden in verwarring brengen. Als afweer beschikken hooiwagens echter ook over ***stinkklieren*** met een afscheiding die zo effectief is dat hij er zelf door wordt verdoofd als hij opgesloten wordt in een glas. Als voedsel dienen kleine insecten en andere geleedpotigen.

TROMBIDIUM HOLOSERICUM

J	F	M	A	M	J	J	A	S	O	N	D
		●	●	●							

Fluweelmijt

Kenmerken L 3-4 mm. 8 poten, plucheachtig ***felrood behaard lijf,*** korte monddelen.

Voorkomen Komt veel voor, vooral ***op muren en stenen*** opvallend, maar ook op de grond.

Wetenswaardigheden Je ziet eigenlijk alleen kleine rode stipjes die over het oppervlak bewegen – maar toch is de fluweelmijt in de mijtenfamilie een echte reus. Hij ***voedt zich vooral met insecteneitjes***, maar ook met andere geleedpotigen. De 6-potige larven zijn daarentegen aanvankelijk bloedzuigers en hangen aan vlinders, sprinkhanen, hooiwagens, enzovoort.

IXODES RICINUS

J	F	M	A	M	J	J	A	S	O	N	D
		●	●	●	●	●	●	●	●		

Schapenteek (of gewone teek)

Kenmerken L 2-4 mm. (Rood)bruin, ***erg plat lijf,*** 8 poten (alleen jonge larven 6 poten).

Voorkomen Komt veel voor in bossen, weiden, parken, maar ook in tuinen.

Wetenswaardigheden Teken zijn ***bloedzuigende mijten*** die enerzijds heel lang zonder voedsel kunnen – wel een jaar – en zich anderzijds bij een goede gelegenheid kogelrond drinken, en dan wel 1 cm kunnen zijn! Alleen de vrouwtjes hebben bloed nodig. Ze zitten op grassprieten en wachten met naar voren gestrekte poten – helemaal vooraan zitten gevoelige zintuigen – op voorbijkomende gastheren die zich aankondigen door hun geur. Ze zoeken dan een geschikte plek, boren hun snuit diep naar binnen en kunnen wel twee weken zuigen. Daarna leggen ze op de grond 1000-3000 eitjes. Teken zijn vooral gevaarlijk als ***overbrengers van ziekten*** (FSME, ziekte van Lyme).

RODE HOOIWAGEN

FLUWEELMIJT

SCHAPENTEEK

LITHOBIUS FORFICATUS J F M A M J J A S O N D

Gewone duizendpoot

Kenmerken L max. 32 mm. Roodbruin, lijf afgevlakt, lange voelsprieten, laatste van de ***15 paar poten*** ook verlengd.

Voorkomen Komt overal veel voor op vochtige bodem.

Wetenswaardigheden De tot de duizendpoten behorende gewone duizendpoot is ***nachtactief.*** U kunt hem echter gemakkelijk in zijn dagverblijf opschrikken als u een vermolmde plant omdraait of compost omspit. U moet dan wel snel zijn, want dat is de duizendpoot ook. Hij behoort tot de grootste ***jagers onder de grond*** en vangt insecten, spinnen en pissebedden. Het gif in de kaakklauwen werkt binnen een seconde. Jonge dieren hebben 7 paar poten; na iedere vervelling komt er een lijfsegment (en dus een paar poten) bij, tot er 15 paar zijn. Gewone duizendpoten kunnen zes jaar oud worden.

JULIDAE J F M A M J J A S O N D

Slangmiljoenpoot

Kenmerken L meestal 20-40 mm. Zwartbruin, ***lijf helemaal rond,*** 2 paar poten per lijfsegment.

Voorkomen Meestal bewoners van de ***onderlaag op de grond***. Overwegend nachtactief.

Wetenswaardigheden Veel miljoenpootsoorten (ook wel duizendpoten) komen alleen voor in kalkrijke gebieden omdat ze kalk opnemen in hun chitinepantser (waardoor het nog sterker wordt). Miljoenpoten bewegen zich in een rechte lijn, niet slingerend. Ze eten afgestorven planten en spelen in de grond een belangrijke rol als menger, ontbinder en humusvormer.

PORCELLIO SCABER J F M A M J J A S O N D

Ruwe of kelderpissebed

Kenmerken L max. 20 mm. Plat, sterk geleed ***grijs of bruin pantser*** met korrelig oppervlak, lange gelede voelsprieten, 7 paar looppoten.

Voorkomen Komt overdag voor in ***vochtige schuilplaatsen*** (stenen, hout, gevallen blad), vaak ook in kelders, serres en stallen.

Wetenswaardigheden Pissebedden zijn ***kreeftachtigen*** die zich grotendeels onafhankelijk hebben gemaakt van water. Holle ruimten in de eerste 2 paar poten van het achterlijf hebben de functie van longen. De eitjes, die zich droog niet kunnen ontwikkelen, en ook de jonge larven worden veertig tot vijftig dagen in een goed geïrrigeerde ***broedzak op de buik*** bewaard. Kelderpissebedden voeden zich met ***afgestorven plantenmateriaal*** en de daarop groeiende bacteriën en schimmels.

GEWONE DUIZENDPOOT

SLANGMILJOENPOOT

KELDERPISSEBED

Register

OVER DE AUTEUR

Ulrich Schmid is al sinds zijn jeugd zeer geïnteresseerd in de natuur. Als bioloog houdt hij zich daar professioneel mee bezig. Naast zijn werk als afdelingshoofd voor vorming en public relations aan het Museum voor Natuurkunde in Stuttgart schrijft hij vak- en natuurboeken. Hij schrijft vooral over insecten en vogels.

Fotoverantwoording

Blickwinkel/Hecker/Sauer: 25o, 65m
Blickwinkel/J.Kottmann: 39rm, 67ro
Hecker: 1, 3b, 3m, 4o, 5m, 15b, 15o, 23b, 23rm, 23o, 31b, 33b, 33lm, 33o, 35o, 37m, 39b, 39o, 43m, 43o, 47rm, 51o, 53o, 57o, 59lm, 59rm, 65lb, 73ro, 75b, 75o, 77m, 79b, 83b, 83o, 85m, 93lm, 93o, 95b, 95o, 99b, 99lo, 101o, 113b, 115o, 117m, 119o, 121m, 127b, 129lm, 131m, 131b, 143rb, 143m, 145m, 145o, 147m, 149m
Limbrunner: 9o, 51b, 77b, 103o, 133b, 141o
Martin: 73b
Pforr: 2, 5b, 9b, 13rb, 15rm, 17b, 19b, 19m, 19o, 21m, 25m, 29o, 41rb, 43lb, 43rb, 45rb, 45o, 47o, 49m, 53m, 55b, 55m, 55o, 59b, 61m, 61lo, 61ro, 67m, 69m, 77o, 79lo, 79ro, 81m, 87ro, 89b, 91rm, 91ro, 95m, 97o, 101lm, 101rm, 105o, 113o, 115b, 117o, 121o, 125b, 125m, 125lo, 127o, 129rb, 131b, 133lm, 135b, 135o, 137b, 137o, 139m, 139o, 145b
Pott: 61lb, 67lo, 99ro
Reinhard: 87lb
Sauer/Hecker: 25b, 27b, 27lm, 27rm, 29b, 31m, 31o, 33rm, 37b, 41o, 45lb, 47lm, 53b, 59o, 61rb, 65rb, 69lo, 71m, 81lo, 81ro, 107o, 111b, 113m, 123m, 125ro, 127m, 129lb, 133rm, 133o, 135m, 139b, 143lb, 149o
Schmid: 63m, 63o, 73lo, 79lm, 107m, 109lb, 109rb, 109m, 109o, 111o
Schwenninger: 75m
Tschornsig/Schmid: 71b, 115m
www.wikipedia.de: 103m
Willner: 3o, 4b, 5o, 11b, 13m, 21o, 23lm, 27o, 29m, 35m, 37o, 39lm, 41lb, 41m, 45m, 47b, 49b, 49o, 51m, 57b, 71o, 73m, 79rm, 81b, 85b, 87m, 87lo, 91b, 91lm, 93rb, 93rm, 101b, 103b, 105b, 105m, 107b, 123o, 137m, 141m, 143o, 147b, 147o
www.digitale-naturfotos.de: 63b
Zeininger: 9m, 11m, 11o, 13lb, 13o, 15lm, 17m, 17o, 21b, 35b, 57m, 65o, 67b, 69b, 83m, 85o, 87rb, 89m, 89o, 91lo, 93lb, 97lb, 97ro, 97m, 99m, 111m, 117b, 119b, 121b, 123b, 129rm, 141b, 149b

Pictogrammen: Gisela Rüger, München

FSC
www.fsc.org
MIX
Papier van
verantwoorde herkomst
FSC® C146536

Title of the original German edition: *BLV entdecken und erkennen: Insekten* (Ulrich Schmid)

Deze uitgave door: Deltas, België-Nederland.
Nederlandse vertaling: Yvonne van 't Hul-Aalders

D-MMXI-0001-457
NUR 432